焼津かつおぶし物語

地域産業の伝統と革新

YAIZU
KATSUOBUSHI
STORY

焼津かつおぶし物語

地場産業の伝統と革新

YAIZU
KATSUOBUSHI
STORY

伝統的な手火山製法による本枯節
左:雄節　右:雌節

はじめに

うま味は世界語

吸い物やみそ汁から立ち上る鰹だしの匂い――皆さんはこの匂いにどんな印象を持っていますか。「いい匂い」「美味しそう」と食欲を刺激されるだけでなく、「ホッとする」とか「落ち着く」など安らぎすら感じるでしょう。鰹だしは日本人の多くが好む、食の本質につながる風味です。

日本人の食生活は高度成長期以降、急激に欧米化が進みました。朝食はトースト、昼はハンバーガー、夜はパスタがいいな、なんて言う子どもたちも多いかもしれません。けれども、二〇一三年に和食がユネスコ無形文化遺産に登録されたことで風向きが変わりました。世界中が肥満などからくる身体の不安に悩み始めているとき、健康面から日本の伝統食である和食が高く評価されるようになったのです。ヨーロッパでは和食レストランが爆発的に増えています。もう数年前になりますが、イタリアのミラノで、おにぎり屋さんが店を出しているのを見て驚きました。海苔、おかか、梅干しなどが、欧米人にも受け入れられているのでしょう。これにみそ汁がつけば、絵に描いたような和食になります。そうそう、だし巻き卵も欲しくなりますね。

さあ、そこで本論に入りましょう。大人気の和食の基本は何といっても「だし」です。だしは、さまざまな素材からうま味成分を抽出した液体のことです。これも外国の例ですが、ミャンマーの山岳地帯に少数民族の村を訪ねた時、村長の家で昼食をご馳走になったことがあります。おかずは野菜スープ、味付けは塩だけ。村の人にとっては貴重な塩ですが、とっても物足りない気がしました。だしが何も入っていないからです。自分の舌がいかにだしに慣れ親しんでいたかを、改めて知りました。

もちろん、だしは日本人だけのものではありません。中国の「湯《タン》」や西欧のブイヨンなども、だしの仲間です。それに対して和食特有のだしは、鰹だしと昆布だしです。どちらも古くから日本の味として愛されてきました。しかも両方を合わせると「うま味」がより増す相乗作用があるんですね。

この「うま味」は、今ではUMAMIという世界語になって世界中に広がっています。なぜ、日本語の「うま味」が世界語になったのでしょうか。それは、うま味を発見したのが日本人だからです。古くから人間が感じる味は四つに分類できるとされてきました。甘味・酸味・苦味・塩味です。ところが明治時代、池田菊苗《いけだきくなえ》という化学者が昆布の抽出液からグルタミン酸を分離し、これまで広く知られていた四つの「味」以外の第五の味覚を発見しました。これが「うま味」です。味の世界に新しい要素を加えることになった、まさに画期的な発見です（後に商品化されたのが味の素です）。

その後、池田に続く日本人研究者たちは、鰹節のうま味であるイノシン酸も発見し、グルタミン酸との相乗効果も見つけました。日本人は世界に先駆けて「うま味」や「だし」に着目し、研究を進めてきたのです。

日本語がそのまま世界語になった例としてはTSUNAMI（津波）が有名ですが、食の分野では、UMAMI（うま味）のほかに、DASHI（だし）、KONBU（昆布）、SHIITAKE（椎茸）などがシェフの間で普通に使われるようになっています。でも、UMAMIの源泉の一つである鰹だし、つまりは鰹節についての国際的認知度はいまひとつです。

対照的なのは醬油です。すでに江戸時代からオランダや中国を通じ、*SOY SAUCE*として広く知られていたうえ、近代になってからは積極的に海外進出をして現地生産にも力を入れてきました。例えばキッコーマンは、早くも昭和四十八（一九七三）年にアメリカで原材料も現地調達する醬油の製造を始めました。その後、世界各地に拠点を拡大していき、同社の海外におけるしょうゆ類の販売量は、翌四十九年に比べて平成三十（二〇一八）年には約二五倍に増えています（同社ＨＰより）。

鰹節がその良さを認められているにもかかわらず、世界進出ができなかったのはなぜでしょうか。それは、鰹節の伝統的な製法が国際的な食品基準に合わないという、日本人にとってはいささか理不尽な理由があったからです。でも、それで引き下がっていては本当の和食の味わいを国際的に認めてもらうことはできません。いろんな農産物が残留農薬問題など国際的に厳しい基準を業界の努力によってクリアしてきたように、鰹節にも同じような努力が求められます。そこに明るい光も見えてきました。鰹節の一大産地焼津では、*KATSUOBUSHI*を世界語として広めようという試みがあり、すでに輸出も始まっています。中でも世界の食に関する業界の中核を担っているＥＵ（欧州連合）向けの輸出が成功すれば、鰹節の販路は大きく開けていくに違いありません。

うま味の王者、鰹節

いっぽう日本国内では、鰹節は原型をとどめない削り節として販売されたり、だし抽出用の原料として扱われたりすることが多く、削る前の鰹節の姿を知らない若い人が増えてきました。年配者からは、よくこんな言葉が聞かれます。

「昔は鰹節を削るのが子どもの仕事だったもんだ」

削りに削って小さなかけらとなった硬い鰹節をしゃぶったという体験は、はるかな昔の思い出になってしまいました。もう家庭で鰹節を削る風景はほとんど見られません。しかし、鰹節は日本人が長い年月をかけ、改良に改良を重ねて完成させた伝統食品の代表です。日本人は見た目にも非常にこだわります。バランスの取れた美しい形、しかも叩くと金属的な音がするまでに仕上げられた鰹節には、日本人と食との関係を示す長い歴史が秘められているのです。

鰹節の原料であるカツオと日本人とのつながりは、すでに縄文時代から始まっていて、古代には租税の一つとして加工品が都まで運ばれていました。しかも、黒潮に乗って回遊してくるカツオは季節を知らせる魚だと考えられ、初ガツオは順調にめぐる季節の使者として珍重されました。そして捨てるところがないほどさまざまな料理法を工夫し、最高の保存食としての鰹節を作り出したのです。

総合的な視点から

カツオ漁は豪快な一本釣り、かつて人気を集めた漫画『土佐の一本釣り』(青柳裕介作)の世界です。しかし現在、一本釣りは近海・遠洋を合わせても漁獲全体の三割弱となり、中でも身近な近海・沿岸での一本釣りは漁獲全体の一割にまで減ってしまいました。カツオの多くは日本を遠く離れた海外漁場での大規模な旋網《まきあみ》で漁獲され、冷凍カツオとして運ばれてきます。その水揚げ日本一を誇るのが焼津漁港です。焼津にカツオが集まってくるのは、水産業に不可欠な冷凍設備をはじめとする諸施設が整い、また加工場が集中していること、しかも早くから東海道線焼津駅が利用され、さらに東名焼津インターチェンジが加わることで近代社会になくてはならない流通環境が整っているからです。港町焼津は、水揚げと加工、流通の現場とが互いに支え合いながら、その基盤を築いてきたのです。

ところで、カツオ漁が盛んな地域ではカツオをまちおこしの中心において消費拡大や地域のイメージづくりに活用している例がたくさん見られます。例えば、鹿児島県は鰹節生産量が日本一であり、その中心である枕崎市では鯉のぼりにヒントを得たカツオのぼりをシンボルとしており、市と漁協、水産加工組合が共同で枕崎かつお公社を運営しています。高知県ではお馴染みのタタキを盛んに宣伝しています。また、各地の女性グループが中心になって魚食文化を積極的に広めようという活動も盛んです。

こうした動きに対し、焼津でのカツオの位置付けは少し違うようです。それは冷凍カツオ水揚げ日本一という実績と深い関係があります。冷凍カツオはそのまま加工食品の素材として流通するため、焼津は巨大な原料供給拠点としての役割を担っているのです。つまり、未加工のカツオを大量消費することでまちが動くというよりも、国際的な相場の下に焼津から冷凍カツオが動いていくといってもよいでしょう。同じようなことは、マグロ水揚げ日本一を誇る同じ静岡県の清水港についてもいえることです。

この本は、漁獲、加工、流通、金融が一体となって発展してきた水産都市焼津の姿を描くことを目的とし、とくに中心的な役割を果たしてきたカツオ漁と鰹節製造業について述べていきます。水産業の発展は、多くのプロフェッショナル、すなわち漁師や鰹節職人、仲買人、問屋などの技術向上へのたゆまぬ努力と、全国を股にかけた関係者個々人の精力的な仕事の成果です。彼らは時代の波にどう対応し、業界をリードしてきたのでしょう。そうした名も無き仕事人たちの活躍ぶりや組織についても光を当てていきたいと思います。その結果は単に焼津だけの問題ではなく、水産業をめぐる日本あるいは世界の動きを如実に映し出すことにもなるはずです。船が接岸するための港もない小さな漁村だった焼津がどのようにして「カツオ・鰹節のまち」としての今日の地位を築いてきたのか、その過程を多角的に見詰めることで、私たちを取り巻く水産業の現状や、グローバル化に伴って生じる課題の本質が浮かんでくるのではないでしょうか。

目次

第1章　カツオと日本人

明治時代　カツオ一本釣り

1　カツオとは長い付き合い

浦島太郎はカツオを釣っていた

日本の神話世界でも神々はカツオを釣っていた。例えば、あの竜宮城に行ったという浦島太郎の話が『万葉集』（第一七四〇）にある。水江《みずのえ》の浦の島子が、カツオとタイを釣って七日も家に帰らずに海原を漕いでいくうちに海神の娘に出会い、常世《とこよ》の国に行ったという物語である。浦島太郎も家に戻るのを忘れるほど調子よくカツオを釣っていたらしい。

カツオは常に日本人の食卓にあり、兼好法師も『徒然草』の中で、鎌倉でとれるカツオについて語っている。また、南北朝時代には遠江国山名郡の旧浅羽町（現・袋井市）にあった浅羽荘から、領主である京都の公家に対してカツオが納入されていた記録もある。カツオが堅魚と書かれたのは、調理に際して煮崩れしない肉質にちなむものだろう。当然、上手に処理すれば保存に耐える重要な食材になる。古代の駿河国有渡郡（現・静岡市）、伊豆国賀茂郡（伊豆半島南部）、遠江国山名郡（現・袋井市南部）など、暖流に沿った海岸地帯でとれた堅魚は、調《ちょう》（税の一種で地方の特産物）として納入されていたことが出土した木簡などから読み取れる。

では、カツオの本体は、どういう形で都まで届けられたのだろうか。まず考えられるのは干物だが、小魚のようにはいかないから、縦に細長く切ったものを干しあげたと考えられる（宮下章『鰹節』）。ミャンマー南部の市場では、長さ一メートルくらいの魚に、縦に切れ目を入れたものを店頭に吊るしてあった。

西伊豆町田子のショガツオ

原形のまま保存するために塩漬けにする方法もあったと思われる。例えば伊豆半島の西伊豆町田子で名物となっている塩カツオとか、サケの荒巻などである。また「煮堅魚」と書かれている例も見られる。これはカツオを煮てから乾燥させたもので、鰹節の原型となった。

煮堅魚のゆで汁も税として徴収され

た。古代の記録には「堅魚煎汁」と出てくる。煎汁はイロリと読み、煮汁を煮詰めてタール状にしたもので、これを壺などに入れて焼津からはるばる都まで運んだのである。煎汁の具体的な使用法ははっきりしないが、調味料にされたことは間違いない。もしかしたら、この煎汁がいちばん大切にされたのではないか。古代のＶＩＰたちは、カツオだしの料理に舌つづみを打っていたかもしれない。鰹節の本質でもある「うま味」が、すでに古代から賞味されていたのである。

聖なる魚、カツオ

カツオを表す漢字のうち代表的なのは鰹だが、これは堅魚を合体させた国字、つまり日本で作られた漢字である。もう一つ、松魚と書くこともある。これはカツオが語呂合わせで「勝つ魚」とされたこと、さらに鰹節（勝つ武士）がめでたいものという意識が高まってきたことから、それなら、めでたい松を当てようと、しゃれで作られた表記らしい。鰹節が戦国時代以来、武士の兵糧として重視されていたことも関係していると思われる。鰹節さえあれば、当座の飢えはしのげる。江戸時代、長いわらじを履くことになった次郎長一家が、逃亡の際の携行食としてそれぞれ鰹節を持ったと浪曲師広沢虎造が語っている。

非常食としての鰹節に、こんな思い出を重ねた人もあった。太平洋戦争末期の昭和二十(一九四五)年八月、敗走する日本軍の中にあった一人の士官は、命がけの脱出のための渡河直前、日本からずっと持ち続けていた人差し指ほどの鰹節を戦友にわけた。口にした上官は、「ウーン、うまいな。それにしてもよく今まで持っていたな」と感激した。内地出発の際、自宅や親戚の削り残しを十個ほど集めて、非常食用として携行していたものだった。彼は後に「カツオブシ、それは生死を賭けた戦場とは程遠い、平和な家庭生活を意味する言葉であった」と決死の脱出行を記録した戦記に書いている。

ところで古墳の出土品には、当時の豪族の建物を示す家形埴輪《はにわ》がある。その中に、屋根の上部に、棟と直角に渡された何本もの太い木を載せた例がある。この横木は、伊勢神宮などの神社建築に今も見られるもので堅魚木《かつおぎ》と呼ばれ、権力者の象徴でもあった。元は豪族の家にもあったが、やがて天皇家以外には許されなくなった。この横木には屋根を補強するといった実用的な意味はない。あえてカツオを思わせる形としたのは、なぜだろうか。

伊勢神宮別宮の堅魚木

それはカツオという魚が特別な意味を持っていたからである。宮下章によれば、カツオが季節を定めて必ず日本に接近してくるという回遊性によるとされる。四季の順調な推移は、稲の豊作と世の中の平安をもたらす。黒潮に乗って季節をたがえず日本列島に接近してくるカツオは、まさに天下泰平の象徴であり、特別な霊力をもった聖なる魚であると考えられた。だからこそ、大切な宮殿や神殿の鎮《しず》めにしたのだろう。

ここでぜひ思い出してほしいのが、あの有名な俳句である。

目には青葉　山ほととぎす　はつかつを　　　山口素堂

江戸っ子の初物好みや季節感を示すということでよく知られる句だが、この背景には「今年もカツオが来た、季節は順調に推移している」といった、一種の安心感が込められていると読み解くことができる。沖縄県名護市では、初夏に回遊してくるイルカ（コビレゴンドウ）が、今年もやって来るか、来ないかが、時の村長の施政の善し悪しの目安とされていた。実際、昭和の時代になっても、このところイルカが来ないが、それについて市長はどう考えるか、といった質問が市議会でなされたほどである。カツオにも、このような神性が認められていたのではないか。だからこそ縁起の良い魚として、重視されたのであった。

カツオは季節を象徴する魚だ、と思わせる身近な例がある。茨城県や福島県ではカツオのことを「田植魚」と呼んでいる。田植えに際して親戚などからカツオが贈られるので、煮つけ、照り焼き、刺身、塩漬けなどさまざまに調理するという。静岡県では田植魚とはいわないが、新のアラメやタケノコと一緒にカツオの切り身を煮る、まさに季節の象徴の

コラム①

猫と鰹節

「猫に鰹節」ということわざがあります。猫が大好きな鰹節を近くに置けば、食べられてしまう、ということで、猫に鰹、猫に魚という言い方もありますが、全く同じ意味です。つまり好物を近くに置いたら油断できない、という一種の警告として広く使われています。江戸幕府最後の将軍、徳川慶喜は将軍職を退いてから三十年もの間、静岡で過ごしました。静岡市民は、先の将軍に親しみを込めてケイキさんと呼んでいましたが、ケイキさんには多彩な趣味があり、とくに当時は珍しかった写真にはずいぶん入れあげ、記録としても貴重な、たくさんの写真を残しています。例えば安倍川鉄橋の上を走っている初期の蒸気機関車が有名です。

その中に、飼い猫を写したものがあります。縁側の陽だまりで、丸い座布団の上にちょ

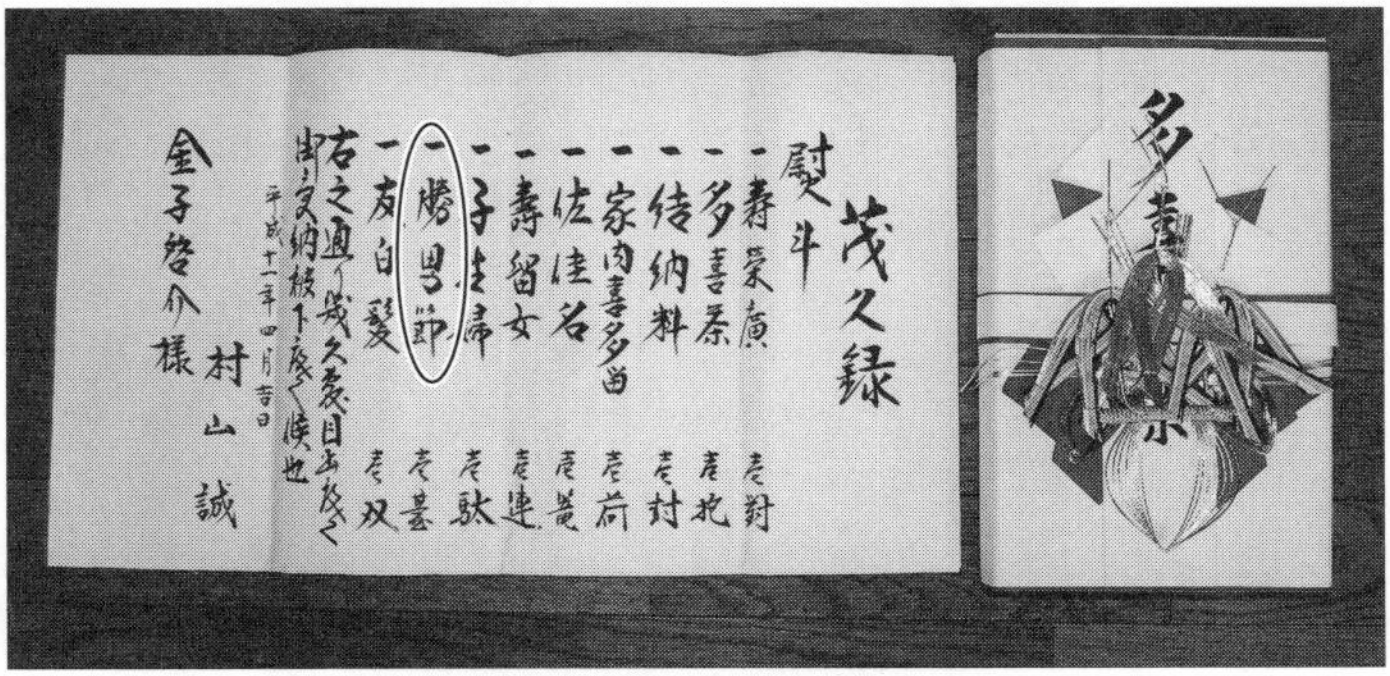

結納目録（新潟県十日町市）

こんと座り、首に何か小さいものを背負っています。この猫のことかどうかは分かりませんが、ケイキさんが飼い猫を屋敷に出入りしていた誰かにあげた時、鰹節が添えてあったと伝えられています。

結納の鰹節と同じように、猫の「嫁入り（?）」には、鰹節を付けてやるものだという習慣は、案外に広く行われていたようです。元の飼い主が猫の幸せを祈る優しい気持ちの表れだったのでしょう。

結納の目録を見てみましょう。めでたい品々を縁起の良い漢字をあてて表現しており、例えば「家内喜多留」とあるのは、お酒を入れた柳樽のことです。「勝男節」はもちろん鰹節のことです。

ような料理がある。

正月魚

正月にはとくに地域の暮らしを支える最も重要な魚を神様にささげる習慣がある。こうした魚は正月魚と呼ばれ、西日本ではブリ、東日本ではサケが一般的で、いずれも季節感の強い回遊魚である。いっぽう、伊豆半島の西海岸では、3ページの写真のように生のカツオの塩漬けに新藁のシメをつけて神棚の前に供える。冬近くにカツオの内臓を除去してから塩をたっぷりすりこんで桶に一カ月ほど漬け込んだ後、季節風にさらして乾燥させたもので、塩サケと同じだから、塩カツオ（ショガツオ）といい、近年は伊豆名物の「潮かつお」として商品化された。もちろん保存食の一つではあるが、正月の供え物だから、ショガツオには正月魚の意味も込められている。西伊豆町では一月二日の乗り初めの日に、主だった乗組員が船主と共に漁船の船玉様にショガツオを一切れ供え、船上でお神酒と共に少しずついただくという習慣がある。焼津市内でも、船主の家の神棚にこれを供える例が見られる。伊豆のカツオ船の影響を受けたものではないだろうか。

カツオは関連産業を引き連れて北上する

カツオの仲間は、高速で泳ぐのに適した紡錘形をしていて、生物学の大きな分類でいえばサバ科マグロ族に属す。この本の主役となるのは、その中のカツオ属カツオである。魚屋さんの店頭では体長四〇〜五〇センチほどのものがいちばん多いようだ。カツオといえば、銀色に光る体の表面に鮮やかに浮き出した黒い線が特徴で、この縞《しま》がないとカツオには見えないとされるほど、象徴的な模様である。ただし、これは死後にはっきり見えるようになるものである。

カツオは温帯から熱帯にかけて広く分布するが、産卵場所はフィリピン東方の海域らしい。孵化《ふか》して一年後には日本近海にも回遊してくるが、群れをつくるのは三、四歳からだとされる。この北上する群れを追いかけながらカツオ漁船も北上し、東北地方まで行くと群れは大きく東に曲がりこんで沖合を南下していく。これを戻りガツオと呼ぶ。

御前崎沖でとれたカツオ　縞模様がくっきり見える

回遊するカツオは、関連する多くの人間を引き連れていく。カツオ漁専門の漁船団はもちろん、カツオ釣りに必須の生きたイワシを確保する役の餌買《えさかい》、そして鰹節職人たち。カツオは数カ月間にわたって水産関係者を引き連れながら、黒潮に乗って日本近海を旅していくのである。同時に、オカにおいても、沿岸の港々にさまざまな関連業種を育ててきた。焼津のまちは、そのようなカツオ関連産業を集約した総合拠点なのである。海外旋網《まきあみ》が主流となって周年で水揚げがされるようになった現在もそれは変わらない。

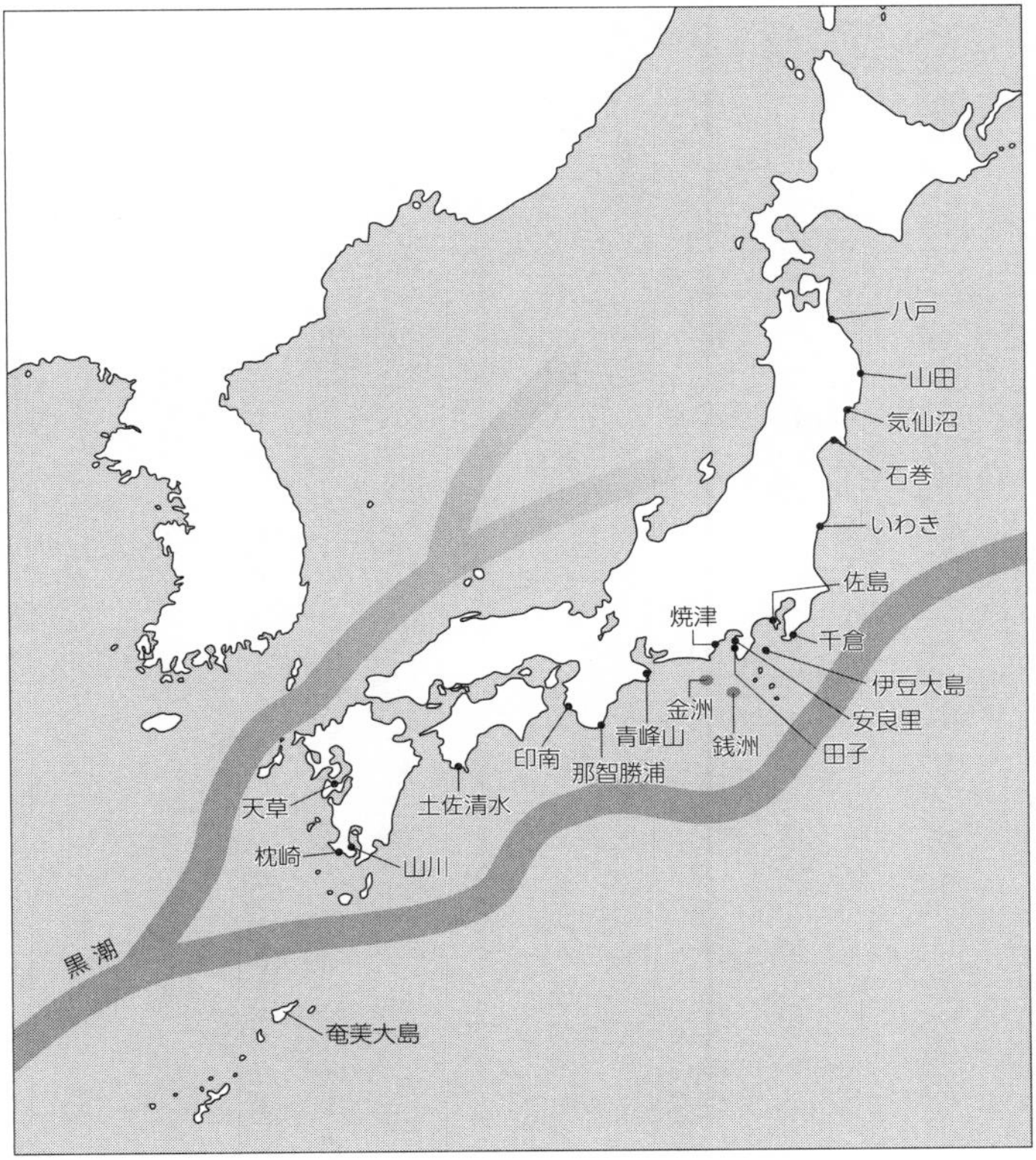
八戸
山田
気仙沼
石巻
いわき
佐島
千倉
焼津
伊豆大島
安良里
田子
金洲
銭洲
青峰山
那智勝浦
印南
土佐清水
天草
枕崎
山川
黒潮
奄美大島

図1　カツオ漁関係地図

焼津のシンボル、カツオ縞

カツオが土地によってはホンガツオ（本鰹）と呼ばれるのは、最もたくさんとれ、価値も高いからであることは言うまでもあるまい。カツオの仲間で腹の模様に特徴があるのはスマガツオである。これは別名を星カツオといい、体の後部に黒い斑点が五つほどあるため、イツツボシともいうが、土地によっては、お灸（ヤイト）をすえた跡にも見えるので、ヤイトともいう。また、静岡の人にとって、ごく身近なのはソウダガツオだが、これは血合いが多く、はっきりいって刺身には向かないが、よく釣れる。削り節や生利節《なまりぶし》に加工されることが多い。

カツオといえば、横腹にくっきりと浮かんだ縞模様。カツオの絵画にこの縞模様がないと、何だか物足りない。焼津の漁師の「俺たちはカツオで生きているんだ」という誇りを示すのが、カツオ縞という独特の織物デザインである。グレーに近い縦縞を織り込んだ丈夫な木綿製品であり、かつては焼津の漁師たちが皆着ていたので、他港に入港すると「焼津の縞シャツが来た」と言われて大変目立ったものだという。近年では漁業とは関係ない

焼津特有のカツオ縞シャツ　焼津市歴史民俗資料館所蔵

若い人の間でこのカツオ縞が人気で、ひところは焼津まで買い求めにやってくる人も多かった。カツオ縞こそ、カツオのまち、焼津のシンボルである。余談ながら、『焼津市史』の表紙にもこの模様を採用して、焼津の特色を示している。焼津ならではのこのデザインは、もっともっと活用すべきではないだろうか。

2　カツオの食べ方

焼津のカツオ料理のすべて

新鮮なカツオの刺身は、おろしショウガ、刻んだネギなどとともに醤油で食べる。これが最高だ。独特の縞模様が見える腹の辺りを細く切った皮つきも、やや噛み応えがあり、脂が乗っていて美味しい。もちろん、煮つけ、角煮、塩からなど、同じカツオにもさまざまな調理法がある。次ページの写真は、焼津のカツオ料理の全容である。アラとは魚を三枚おろしにしたときの身以外の部分、すなわち頭や骨などで、この部分にも魚の身が残っているし、良いだしが取れるので、煮物や汁物に利用する。ハラモは内臓を包んでいる腹側の身で、脂が多くて鰹節には不要な部位だが、逆に脂が乗っていることで塩焼きにすると美味である。

カツオのへそ

カツオのへそ？　魚に臍《へそ》があるのだろうか。これは心臓のことで、ホシという所が多いが、その形からの連想で、チンコ、チチコというような呼び方もある。新鮮な魚の心臓は食用として珍重された。これは魚に限らず動物でも心臓を食べるのは解体現場における猟師の特権だった。本来は、生命の源である心臓を食べることでそこに秘められた命の力をいただくという信仰的な意味があったと思われる。

カツオ料理　　焼津市歴史民俗資料館提供
〈奥左から〉アラの味噌汁、たたき、ヘソの味噌煮、カツオの茶漬け（カツージャ)、〈中段〉ヘソの焼き物、〈手前左から〉ハラモ焼き、角煮、刺身、酒盗

漁師が船上で小腹がすいたとき、釣ったカツオのエラから指を突っ込んでヘソを取り出し、海水で洗ってそのまま食べてしまうこともあった。水揚げ後、「あれ、こいつにはヘソがないぞ、さては」というようなことも、ままあったそうだ。目玉をそのまま食べる人もいたという。

鰹節が大量に作られるようになると、当然ながら作業現場で大量のヘソが出る。これが産地ならではの食べ物として流通するようになった。塩ゆでや煮つけ、焼き物、あるいはフライにしても美味しい。こりこりとした食感が酒の肴に最適だとして、焼津の赤ちょうちんで定番のつまみになった。

ガーとマゴチャ

漁師の船上料理といえば、御前崎のガー（ガワ）がよく知られている。身はもちろん刺身にするが、残ったナカオチ（背骨など）と二つ割りにした頭を包丁の背で叩き、刻んだ玉ねぎと味噌を加えて氷まじりの冷水を注いだもので、かき回すとガラガラと音がするので、ガーと呼ぶようになったといわれている。カツオの漁期と重なる暑い時季だけの食べ物である。現在は御前崎のソウルフードとして観光客にも知られるようになったが、もちろん夏季限定のメニューである。

もう一つはマゴチャだ。船上で持参した飯の上に刺身をのせ、熱い茶をかける。魚の表面が白くなったら醤油をさして掻っ込む。なぜ、マゴチャというのか。まごまごしていると他人に食べられてしまうからだと説明する人が多いが、民俗学の創始者、柳田国男は、午後の三時ごろに食べる軽食を茶の子ということから、その域にまでいかない、もっと軽い食べ物というので、子の子、すなわち孫なのだろうと言っている。

鰹節にも茶づけタイプの食べ方がある。削った鰹節を熱いご飯にのせ醤油少々をかけて食べる「おかかご飯」は、単純であるだけに鰹節の香りが美味しさを引き立てる。おかかとは、直接対象の名を呼ばず、一部を省略して接頭語の「お」をつける女房言葉である。沖縄県で広く愛好されている「かちゅう湯《ゆ》」は、味噌を溶いた湯に、削った鰹節を入れるだけという単純なものだが、このいわばインスタント味噌汁をご飯にかければお茶漬けになるなど、いろいろな応用ができる。子どもが風邪をひいたとき、体調を崩したときなどにも食べさせるという。

カツオのたたき

「カツオのたたき」はスーパーの食品売り場の人気商品である。タタキというのは調理法の一種で、文字通り食材を細かく叩いて味を引き出したもので、山村では山鳥とか野ウサギの骨を叩いて団子にしたものを具とする汁がよく作られた。魚でもアジのタタキは身を細断するが、宮崎県には文字通りのカツオのたたきがある。頭と骨を包丁で叩き、すりみのようにして味噌や青ジソを加えてさらに叩き、酢を垂らして食べる。御前崎のガーとよく似ている。

いっぽう現在普通に出回っているカツオのたたきは、表面を焦がしてあるのが特徴である。焦がす理由は、冷凍設備がなかった時代、生のカツオを遠くの市場に運ぶとき、表面を焼いて雑菌の繁殖を抑えていたからである。例えば土佐（高知県）のカツオを関西市場に運ぶときなどにこういう処理がされた。これを生食するに際し、ネギなどの薬味と一緒に叩いて食べたのが、本来のタタキではなかったろうか。冷蔵技術が進んできて、そのまま刺身として食べられるようになっても、表面を焦がすことで生臭さが薄れた独特の味わいが好まれたものと思われる。もちろん、テレビの人気番組「チコちゃんに叱られる」でもしばしば断っているように、「これには諸説あります」という言い訳を付け加えておこう。

しかし、江戸時代もかなり早い時期に書かれた『料理覚書』によるカツオのたたきとは、カツオの身だけを少しの間、薄塩につけてから洗い、これをよく叩いてから桶に漬け込んで、たびたび混ぜ合わせるとあり、これが本来のたたきだったらしい。この本を紹介した塩村耕は、保存食の醬《ひしお》の類だろうと言っている。つまりカツオを原料とする発酵調味料を指す場合もあったようだ。

各地のカツオ料理

ここで全国に伝わるカツオ料理の一端を紹介しよう。こういう庶民の食べ物のことを調べるには、昭和十年代を指標にして当時の主婦たちが日常どんな料理を作っていたのかを全国にわたって調査し、その結果をまとめた農山漁村文化協会（農文協）データベースが大変役に立つ。

岩手県ではカツオの生利節《なまりぶし》を「ぼや節」という。これは新潟県で鮭のことをイヨボヤ（イヨもボヤも魚の意味）と言うのと通じているらしい。つまりカツオという魚の節、ということだろう。この場合とは逆に、「イワシのカツオ」という奇妙な言い方がある。山口県ではイワシの頭と内臓、中骨を除いて片身ずつ竹の簀《す》の子に並べ、カラカラに乾燥させたものをいい、削ってナマスの具やだしに使う。カツオといえば鰹節というイメージから、魚を硬い節に仕上げたものをすべてカツオと言うようになったようだ。イワシのカツオは、鰹節がいかに普遍的な食材であったかを示している。鰹節のだしは淡泊で繊細な味と香りが特徴だが、土地によっては昆布だしと併用したり、沖縄県では白イカを煮る時に豚だしと併用したりするという。宮崎県日南市では、カツオの血に醤油とお湯を注いで飲むものを「医者殺し」と言って、万病に効くとしている。三重県の手こね寿司も、観光資源として有名になっている。醤油につけたカツオの刺身をすし飯と混ぜて手でこねたものである。刻んだ海苔をのせるといっそう美味しくなる。鹿児島県の枕崎市ではカツオの頭の煮つけをビンタという。ビンタとは鬢《びん》の辺り、つまり頭のことである。

同じカツオであっても特に美味しく、なかなか入手できないのがモチガツオである。刺身にすると、これがカツオかと思われるほどモチモチで、同じ食感でも脂がたっぷり乗った秋口のカツオよりもすっきりした味である。モチガツオは、カツオの個体の特徴ではなく、釣り上げてからの処理方法、つまり「しめかた」に秘密がある。近海で一本釣りをしたカツオはまず頭を叩き、血抜きをしてから氷水に漬けて持ち帰る。これを素早く出荷するのである。いわゆる死後硬直前の、本当に新鮮な魚体だけがモチガツオになる。近海での一本釣りや舞阪（浜松市西区）などで盛んな曳縄《ひきなわ》漁でとれた生のカツオだけが、この至福の味をもたらす。

第2章　世界語となった UMAMIと KATSUOBUSHI

明治時代　八丁櫓船出漁準備

1　鰹だしと和食

和食のだしと匂い

「だし」は世界の料理に使われている。中国の「湯（タン）」や西欧の「ブイヨン」は牛や豚、鶏などの肉や骨を長く煮込んで、アクを取り除きながらうま味を抽出しただしである。油脂やゼラチン質も多く含まれ、それ自体がスープとなる。いっぽう日本のだしは乾物から抽出する場合が多く、雑味のないうま味だけを抽出するために、比較的短時間で煮出す。どのだしも汁物やソース類に欠かせないという点では共通しているが、野菜など他の素材をだしで煮たり、だしに浸したりして、その素材の持ち味をより引き立てるという料理法は、日本独自に発達したものだという（『だしとは何か』）。和食が、だしやうま味に早くから高い意識を向けてきたからこそ、このような調理法が生み出されたのだろう。

だしの主なうま味成分は、グルタミン酸やイノシン酸、グアニル酸などで、これらは万国共通のものである。ところが、だしの匂いは元となる素材に由来するので、同じうま味

本枯節と鰹節削り器　焼津鰹節水産加工業協同組合所蔵

成分を持っていても、抽出する素材が異なると匂いも異なる。匂いは料理の大事な要素であると同時に、個人や民族によって好みが大きく分かれる。日本人にとっては好ましい鰹だしの匂いを、欧米人の多くは「fishy odor（魚臭い）」と感じるらしい。東南アジアの魚醤など各国料理に特徴的なスパイスや調味料と同様、だしの匂いも地域やその民族が育んできた食文化によって、好き、嫌いが分かれてくるのである。

江戸時代の料理書によれば、すでに日本料理の基本はだしにあると考えられていた。そこで説かれているだしの取り方は、他国と同じように素材を煮詰め、濃厚なうま味を抽出するのが基本だった。現在のように短時間で煮出す方法になったのは、過剰な加熱によって匂いが失われるのを防ぐためだった。和食は、だしのうま味だけでなく、匂いをも活かそうとしてきたからである。その繊細さと奥深さ、それに見た目の美しさこそ、世界に誇る和食の本質である。

鰹節の作り方

鰹だしの素材となる鰹節は、多くの手間と時間をかけて仕上げられる伝統的加工食品である。前述のように、奈良時代にはカツオの素干しや煮干しのような加工品が都に運ばれていた。これらは鰹節の原型とも言えそうだが、生のカツオが、今私たちが目にしているあの硬い鰹節に仕上げられるまでには、どのような工程を経るのだろうか。作り方は製造家によって多少違うが、基本的には次の通りである。

① 解凍　生のカツオを用いていた時代には無かった工程だが、現在は原料に冷凍カツオを使うので、前日から解凍作業をする。

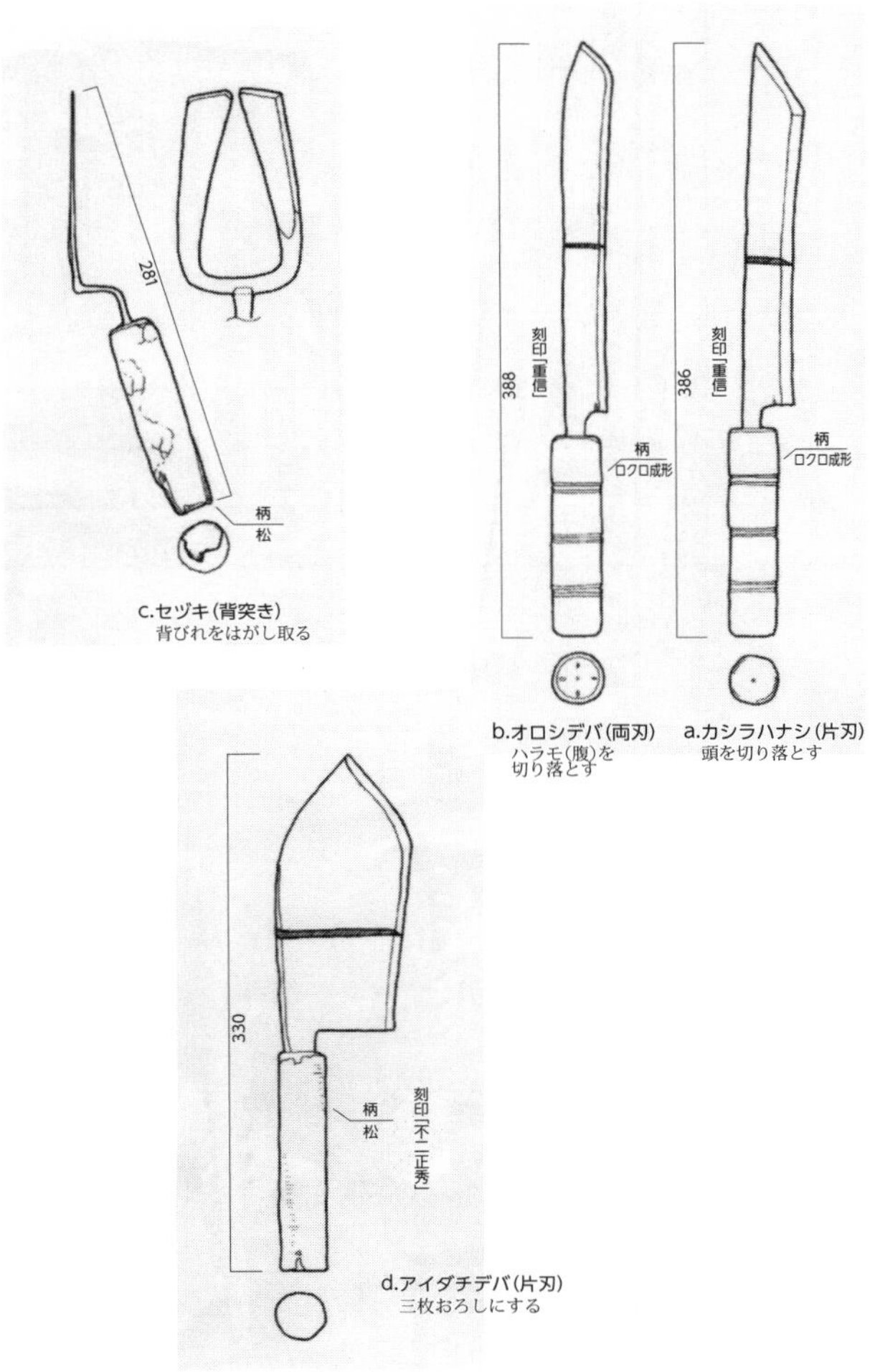

図2　生切り用の包丁

出典：『浜当目の民俗』より転載

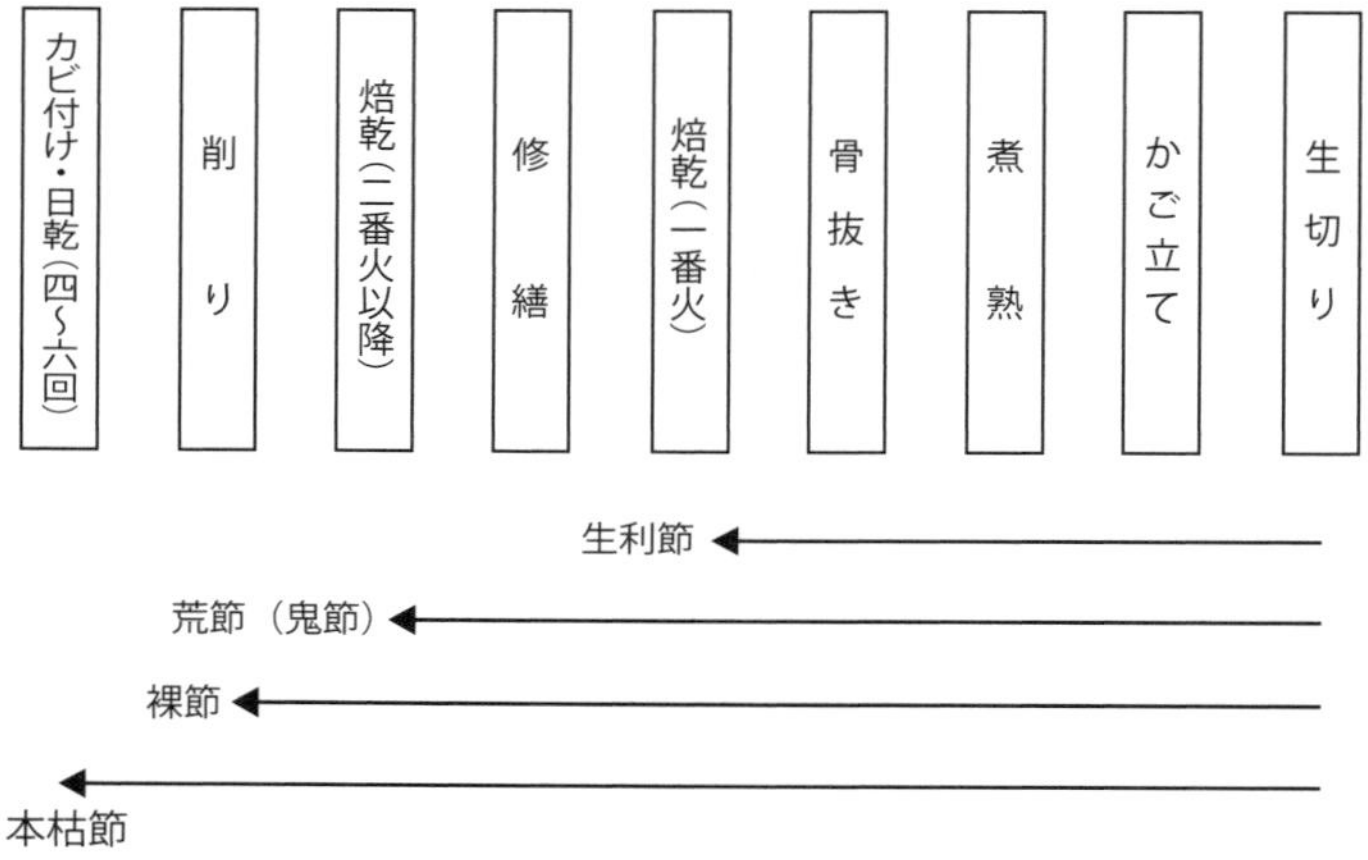

図3　鰹節製造工程

②生切り　専用の包丁を使ってカツオを三枚におろし、大きいものは身をさらに背と腹に分けて、加工しやすい状態にする。それぞれの作業に応じた包丁を図2に示した。

③かご立て　カツオの身を鉄製のカゴに並べる。ゆでるときに身崩れせずにムラなく火が通るよう、また効率よく並べるのが職人の技である。

④煮熟《しゃじゅく》　カゴごと大鍋に入れてゆでる。大きさや状態によってゆで時間や温度などを調節する。

⑤骨抜き　ゆで上げたカツオの身を水に浮かべながら左手で支え、右手でピン

夫婦で行う骨抜き作業　焼津市歴史民俗資料館提供

セットを使って骨を抜く。できるだけ身を崩さず手早く行う。

⑥焙乾《ばいかん》（一番火）　ナラやクヌギなどの火力が強く火持ちの良い堅木を燃やし、その煙でカツオの身を乾かす。ここまでで生利節《なまりぶし》ができる。

⑦修繕（コソクリ）　骨抜きや焙乾でできたカツオの身の割れ目に、すり身（生肉とゆで肉を混ぜたもの）をすり込んで補修する。

⑧焙乾（二番火以降）　焙乾と放冷を繰り返して、カツオの乾燥を進める。一気に焙乾すると表面のみ乾いて内部の水分が抜けない。菌の増殖防止・酸化

防止・香気付けにもなる。ここまでで荒節《あらぶし》（鬼節《おにぶし》）ができる。

⑨ 削り　荒節《あらぶし》の表面のタール分や脂肪分を削り落とす。ここまでで裸節《はだかぶし》ができる。

⑩ カビ付け　裸節を二、三日干した後、樽や箱に入れて保管すると、七日〜十五日くらいで一番カビがつく（現在は培養したカビ菌を吹き付ける）。いったん取り出して日干しをし、カビを軽く払い落として、再び保存する。これを四番カビから六番カビくらいまで繰り返す。カビによって節《ふし》の乾燥度の目安となり、皮下脂肪や水分が減少して香気が発生し、だし汁が透明になる。本枯節《ほんがれぶし》の完成。

このような多くの工程を経て本枯節が完成するまで、四〜六カ月もかかる。出来上がった鰹節の品質を確かめるために、職人は鰹節同士を打ち合わせて音を聞く。良い鰹節、すなわち、しっかり乾燥してヒビ割れも無い鰹節は、澄んだ高い音がする。

ところで、このような鰹節の製造はかつて典型的な家内工業であったから、その住まいは日常の家族の暮らしの場、加工場、さらに商品販売や仕入れなどの事務を行う場が一体となった建物になっていることが多かった。図4は大正七（一九一八）年建築の吉井家住宅（焼津市城之腰）で、船元や水産加工業者が密集する浜通りに面する細長い町屋造りで

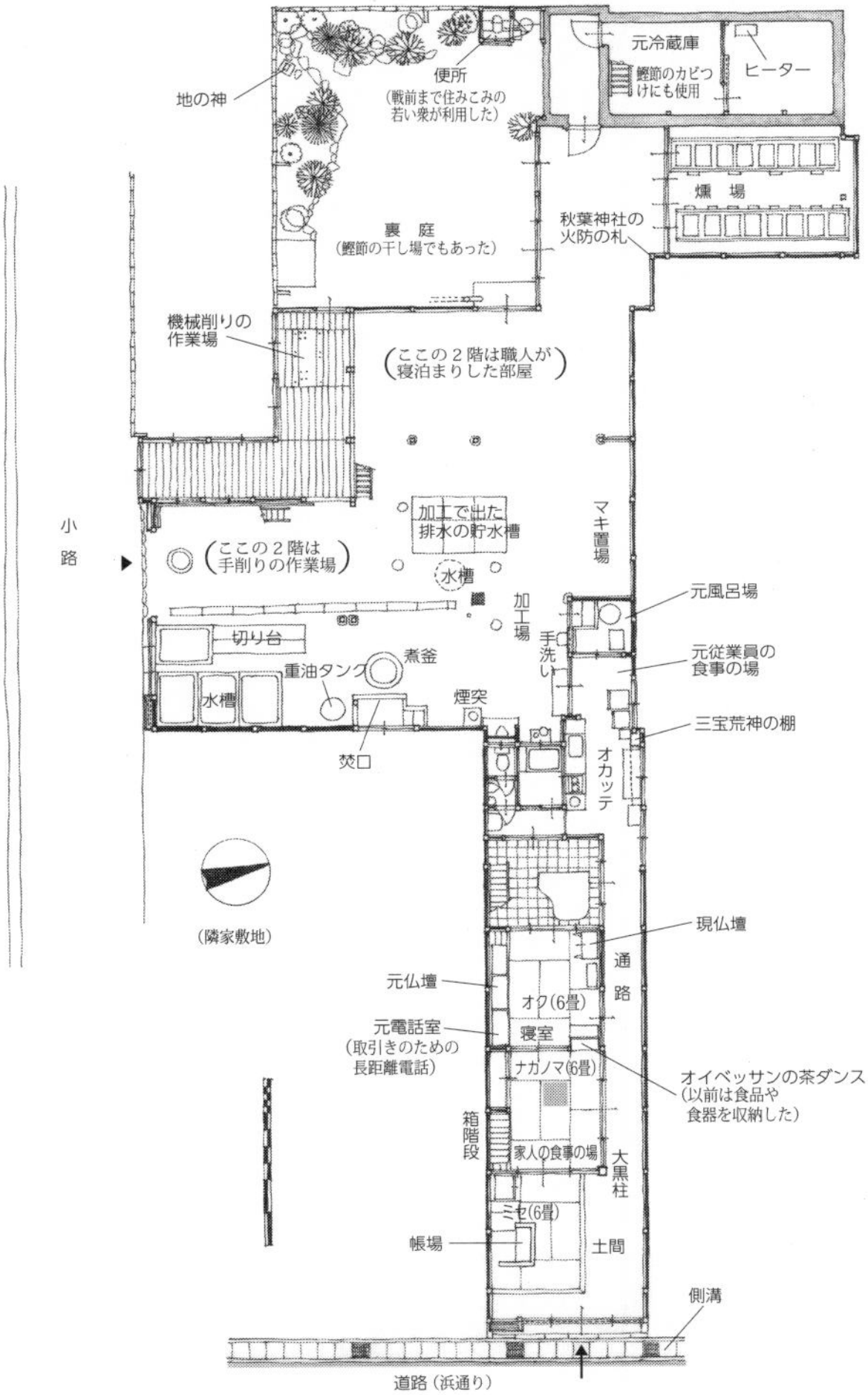

図4　鰹節製造家1階平面図・加工場配置図

出典：『浜通りの民俗』より転載

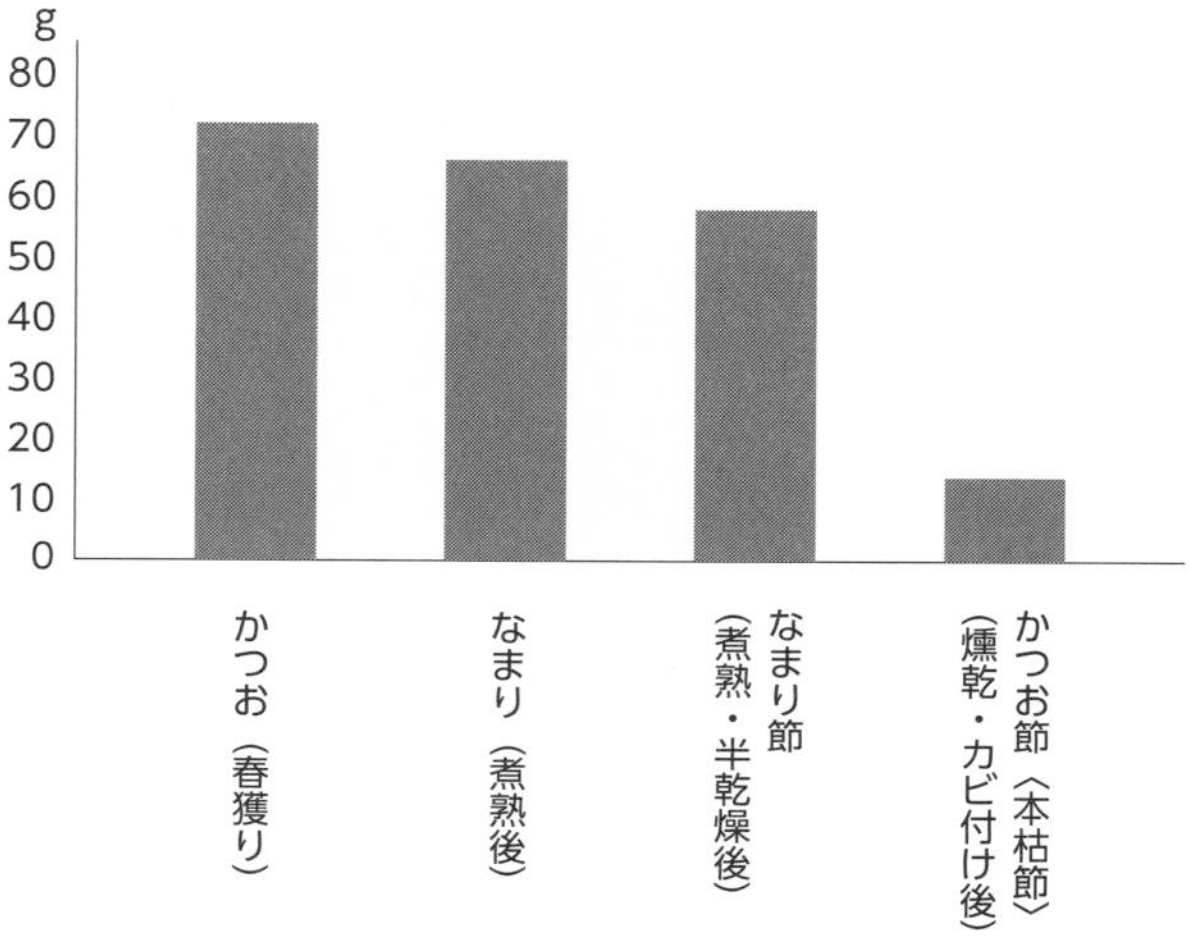

図5　鰹節100グラム中の水分量

出典：日本食品標準成分表2015年版（七訂）より作成

ある。主屋の東側（海側）、すなわち図の下側の↑が当家の正面入り口になり、そこから入ってすぐのところが商いの空間、奥は家人の生活空間で、二階には客間もあった。西側に隣接する加工場の一部には、二階に住みこみの職人が寝泊まりした。

さて、現在の鰹節の製法は、保存性を高めるための工夫が重ねられてきた結果である。図5を見ても、工程を経るごとに水分が減少し、保存しやすい状態になっていくことが分かる。しかも『だしの秘密』によれば、カツオを煮ることで、うま味成分イノシン酸が急激に増える。カツオの刺身とは違う美味しさが生まれているのである。また脂質はカビ付けした方が少なくなるといわれるが、脂肪酸にはいろいろな種類があり、すべてが減少するとはいえないようである。カビ付け後の鰹節には、動脈硬化の予防や記憶の向上に効果があるとされる脂肪酸、ＤＨＡ（ドコサヘキサエン酸）が多量に残っているという。さらに、鰹節に多く含まれるアミノ酸、ヒスチジンには、抗肥満効果があることも最近分かってきた（河野一世、二〇二〇年日本カツオ学会講演予稿集）。保存食として生まれた鰹節だが、栄養科学的にも非常に優秀な食品なのである。この栄養面のメリットは、今後の鰹節の大きな強みになっていくのではないだろうか。

2　鰹節の種類と使い方

本枯節が最高級

鰹節はその形や部位、製造段階に応じて呼び名が変わる。例えば形でいうと、およそ三キログラム以下の比較的小さなカツオの場合、生切りは三枚おろしまで行い、左右二枚の身が取れる。この形を「亀節《かめぶし》」という。もっと大きなカツオの場合には、さらに身を腹側と背側に切り分け、一匹のカツオから四枚の身を取る。この形を「本節《ほんぶし》」といって、背側を「雄節《おぶし》」とか「背節」、腹側を「雌節《めぶし》」とか「腹節」という。かつては雄節と雌節を一対として結納の品に使うこともあった。これはタイなどを腹合わせにするのと同じである。

製造過程では、骨抜きあるいは一番火まで終わった段階を「生利節」、焙乾を終えて表面にタール分が付いた状態を「荒節」や「鬼節」、そのタール分を削ったものを「裸節」あるいは「赤むき」、そしてカビ付けまで終わったものが「本枯節《ほんがれぶし》」である。鰹節が多くの製造工程を経ること、また形態や品質によって価格に大きな差が生じることから、このような分類ができた。

鰹節はカツオがとれる多くの地域で作られていたので、生産地名を冠した呼称もある。例えば「焼津節」「田子節」「伊豆節」「薩摩節」「土佐節」などで、いずれも鰹節の産地として名高い。ただし、鰹節には脂肪の少ない方がよいから、春から夏にかけて日本近海を北上していく「上りガツオ」が適している。いっぽう秋に三陸沖から南下してくる「下りガツオ」は脂が多く、鰹節には向かない。そこで、「春節」「夏節」の品質は良く、「油節」「秋節」「東節」は劣るものとされた。カツオの生

亀節　焼津市歴史民俗資料館提供

コラム②

鰹節の模型

写真の本枯節、形も質感も本物そっくりですが、木製の鰹節模型です。これを作ったのは、腕利きの鰹節職人、近藤豊さん。昭和四十（一九六五）年ごろ、仕事の合間に作ったものと思われます。近藤さんが亡くなるまで自宅で大切に保管され、その後、後輩職人が譲り受けたのだそうです。なぜこのような模型が作られたのでしょうか。

鰹節は縁起物として結納や結婚式に用いられていましたので、味だけではなく、形の美しさも求められました。雄節の突き出した部分を梅の花に見立てるとか、雌節の曲線には角をつけず滑らかにするなどのこだわりを持って形を整えていたそうです。本枯節のカビ付けの前に行われる削り作業は、荒節のタール分を削り落とすと同時に、鰹節の形を決める大切な作業でもありました。いかに手際よく美しく形を整えるかが削り職人の腕の見せ

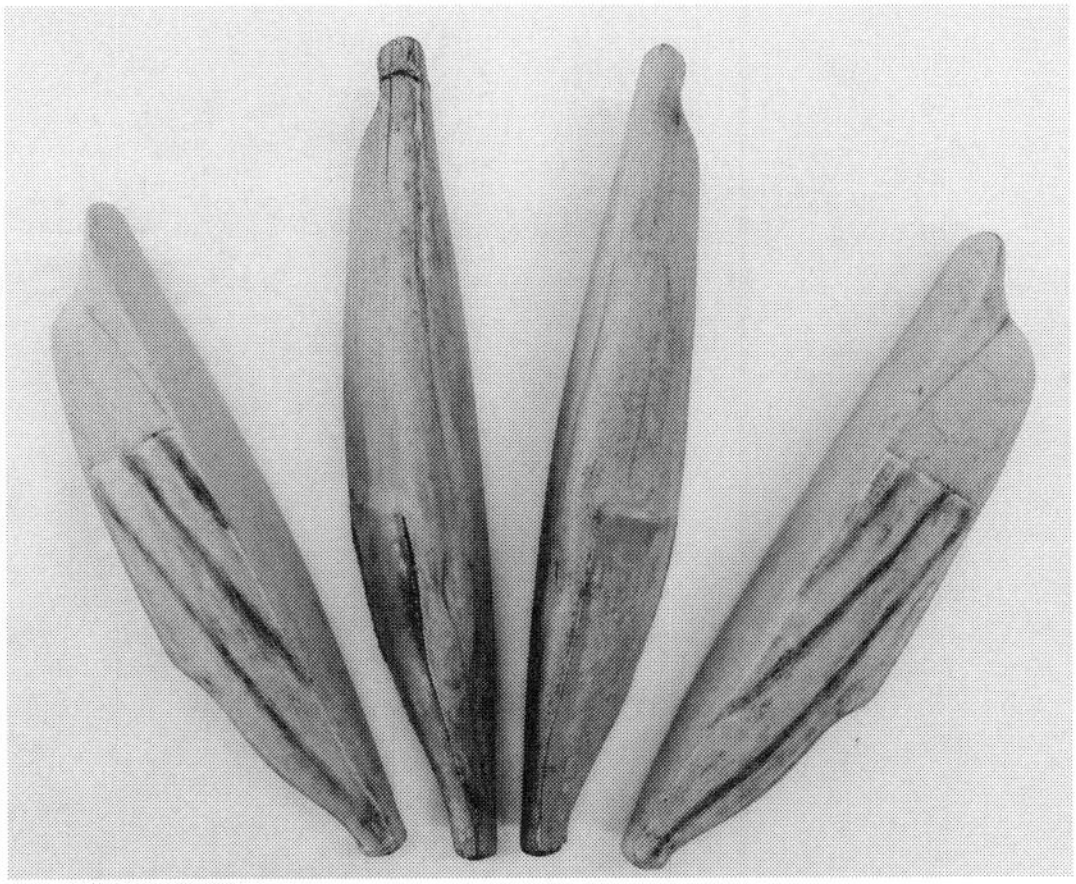

鰹節の木製模型　両脇が雌節、内側２本が雄節
焼津市歴史民俗資料館所蔵

どころだったのです。その見本として作られたのが、この模型でした。近藤さんが後輩職人たちを指導するのに使ったのでしょう。

戦前には焼津から全国に「焼津鰹節標準形」の見本図が配られました。これも鰹節の形が重視されていたことの証《あか》しです。形の良い鰹節には当然高値がつきました。戦後も削り職人はこの形を目指して技術を磨きましたが、昭和四十四（一九六九）年に削り節のパック詰め商品が開発されると、次第に荒節での出荷が増え、形にこだわって本枯節を作ることは少なくなりました。

態や鰹節原料に対するこだわりまでが、節の呼称に表れている。

現在は一般的に使われている「鰹節」という呼称も、地域によってはフシ（関西地方）、カトボシ（紀伊半島）、カツブシ（関東、北陸地方）、ガラ（鹿児島県）などとも呼ばれていた。

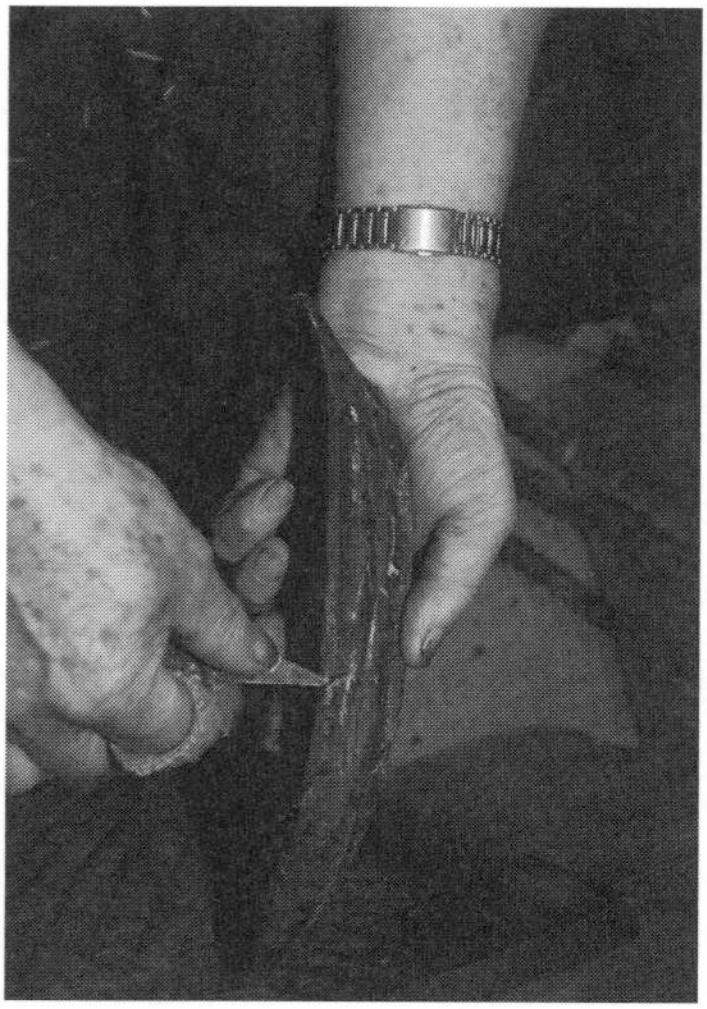
荒節の表面を削って成型する

鰹だしの取り方と鰹節の利用

鰹だしをとるには、まず鰹節を削る。表面積を増やして短時間でだしを取るための工夫である。薄削りの場合、水を沸騰させて火を止めた後に鰹節を入れ、一、二分置いてから絞らずに布巾《ふきん》等で濾《こ》すと鰹だしができる。これを汁物や煮物などに使う。

鰹だしの取り方は決して難しくはない。ただし、江戸中期に鰹節の生産量・流通量が増えてからも、鰹だしが庶民に浸透するには時間がかかったようだ。昭和初期の全国調査によれば、日常的に鰹だしを利用する家は少なく、正月や来客時などの特別な日のものだとする回答が多かった。例えば、石川県の白山市（旧館畑村）では、本鰹節は白山昆布、椎茸とともに客用、鰯カツオブシ（素材がイワシ）はモンビ（祭日）用、小鰯の煮干しは普通用という使い分けがされていた。静岡県内でも、都田村（現・浜松市北区都田）では、平常、だしはほとんど使わず、菜類を煮るときに水油を一、二滴落としてだしにしたという。だしを取ること自体が贅沢と考えられていた地域もあり、まして高価な鰹節は、特別な日だけに使われる貴重品でもあった。どこの家庭でも料理書に示されるような料理を作っていたわけではなかった。

とはいえ、だしを取ったり食物の上に散らして食べたりする削り節「はなかつお」は、戦国時代の狂言台本に出てくるほど、古くからの利用法だった。もちろんその時代の鰹節は現代の製法とは異なり、煮カツオを硬く乾燥させたものではないかと考えられるが、削り節の原点は想像以上に古い時期にあったことになる。鰹節産地の焼津では、「鰹節を削るのは子どもの仕事だった」とか「焼津では何にでも鰹節をかける」などという話をよく聞く。削った鰹節を野菜のおひたしや漬物、雑煮などにかけて食べるという。現在よく使われる削り節パックは、削った鰹節を二～五グラムずつに包装した商品で、このような食べ方に手軽に利用できる。また近年、鰹節の生産量は安定しているが、それを支えているのは調味料やめんつゆ等、鰹節を使った加工品である。ティーバッグのような小さな袋に鰹節の細片などを入れて、そのまま鍋で煮出すと鰹だしが取れる「だしパック」も人気がある。

カツオは私たち日本人が古くから利用してきた食材であり、その加工品である鰹節を用いた鰹だしの風味は、私たちの記憶に深く刻まれた日本の味とも言えるだろう。しかし今、鰹節の利用は、いわば「正統派」の鰹だしだけではなく、それを日常的に使いやすく工夫した鰹だしの加工品などに広がっており、削り節を料理にかけて強いうま味をそのまま味わう利用法も庶民の暮らしに根付いている。鰹節には、まだまだ新たな活用の可能性が秘められている。

第3章　鰹節誕生のなぞ

明治時代　漁場へ

1　鰹節以前

世界のカツオ加工術

鰹節の始まりは、腐敗しやすい魚をいかにして保存するかという工夫にあった。先に見たカツオのたたきも腐敗防止が始まりと考えられるし、カツオの身をゆでた生利節《なまりぶし》にも同じ効果が期待できる。ただし、「なま」とは中途半端な様子を示す言葉だから、完全には乾いていないという意味になる。魚類を乾燥させて保存することは、世界の諸民族共通の方法であり、単純に天日干しをしただけの素干しから、焙《あぶ》ることで乾燥度を高めたり、煙を浴びせて燻製《くんせい》にしたりするなど、さまざまに加工することで保存期間を延ばすことができるし、その過程で独特の香りやうま味が醸成される。

鰹節製造の基本技術の一つは、燻乾《くんかん》、すなわち煙でいぶしながら乾かすということである。野外の簡易かまどや、キャンプファイアーの焚火の近くにいると、服に煙臭さが付いてしまい、なかなか抜けなくて困ったという体験があるだろう。しかし面白いことに適度

鰹節をいぶす（焼津市中港）

に付着したこの匂いは、なぜか心地よい。我々の郷愁を誘うような気もする。人類が原初の時代に体験してきた調理や保存の記憶がよみがえるというと大げさかもしれないが、例えば、秋田県のいぶし漬物（「いぶりがっこ」などといわれる）は、大根を天日干しする前に囲炉裏の煙にさらしてから漬け込むもので、何ともいえない独特の味わいで人気がある。

鰹節が来た道

ただ、日本伝統の保存方法で煙を意識的に使うことはあまりなかった。ゆでたカツ

インドネシアの「なまりぶし」
(ジャカルタの市場)

オに煙を浴びせることは、日本で独自に発達したのではなく、それが盛んな地域から伝わったのかもしれない。鰹節研究の第一人者である宮下章は、その始まりはカツオ産業が暮らしを支えるモルディブにあったのではないかという。モルディブ共和国は、スリランカの南西に位置しリゾート地として知られるが、マグロとカツオの産地でもある。もちろんモルディブから日本に直接伝わったのではない。その媒介をしたのが琉球人だった可能性がある。マラッカ海峡は東西の交易船が行き交う海の十字路である。古くから海に親しんできた琉球人がそこでカツオ製品に触れ、その製法を琉球列島にもたらし、それがさらに本土に伝わってきたのではないかというのである。後に七島節などといわれ、琉球と薩摩との間に位置する島々で作られた鰹節が本土各地よりも高く評価されていた背景の一つになったのかもしれない。

2　鰹節の誕生

邪魔者が救世主になった

最高品質の鰹節「本枯節」の製法の根幹は、第2章に示した製法の諸段階のうち、⑩のカビ付けである。長期保存に耐える上に、洗練された独特の味わいを形成していくカビ付けの工程は、いつ、だれによって確立されたのだろうか。

カビは食物を腐敗させ品質を低下させる。そのため乾燥中の鰹節に付着してくるカビは、除去してきた。ところが、燻乾後に付いた良質の青カビを拭き取って日乾すると悪カビが付かなくなり、虫食いや腐敗も防げることに気が付き、それならばと人為的に良質の青カビを付けることが始まったと思われる。いわば、邪魔物が救世主になったというわけだ。カビなどの微生物の働きは広い意味での発酵であり、最新科学でも注目されている。カビは食品加工における隠れたスターでもある。カビ付けによる新たな食品の発明は、湿潤な気候の日本でこそ独自に開発された技術であった。そこに、世界に誇る「うま味」の中でも最も高い評価を受ける本枯節誕生の秘密があった。

ただ、このカビ付けがいつから始まったのかはよく分からない。十七世紀初めのイギリス商船の積み荷の中に鰹節という記録が見えるので、日本から鰹節が輸出されていたことが分かるが、この時点ではまだカビ付けの過程はなかったのではないかと思われる。この鰹節は英国人の好みではなく、東南アジアに運ばれたものであったと推測されている。

カビ付けの始まり

江戸時代の元禄八(一六九五)年に完成した『本朝食鑑《ほんちょうしょっかん》』に鰹節の製法が出ていて、骨を除いた身を二、三本に切り、数百本をまとめて大釜で煮てから数日かけて乾燥させるとある。ここにカビ付けの話はないから、これで見る限り、生利節《なまりぶし》に近いものが、一般には鰹節とされていたらしい。もっとも、この記述は古い製法であり、実際はもっと現在のものに近い製法が始まっていたのではないかという見解もある。しかし、最高級の鰹節に必須のカビ付けの始まりを示す明確な資料は見つかっていない。

いっぽう、江戸時代の随筆家、津村正恭《まさゆき》（淙庵《そうあん》）の『譚海《たんかい》』（一七九五＝寛政七年成立）には、カビ付けのことが具体的に出ている。それによると鰹節を作るには蒸籠に詰めて蒸してから、数日間あぶらをしたたり落ちるようにした後、皮を取り去り、さらに常のたき火で一日蒸してから四斗樽に詰めて蓋をして四、五日間置く。すると青いカビが生じるので縄で擦り落としてから再び樽に詰めて四、五日置くとまたカビが生える。これを擦り落としてもう一度樽に入れると、今度はカビが生じないので、日の当たる所に干す。これを最上とするとあるが、どこの産地で行われていた製法なのかは書かれていない。なお、「常のたき火で一日蒸して」とあるが、常のたき火は普通の火力という意味、「蒸」は筆者の誤解で「燻」が正しいと思われる。『譚海』の内容は伝聞が多く、この記述も本人が実見したものではなさそうだが、少なくともこの本ができた頃にはカビ付け法が一般化していたらしいことはうかがえる。

　宮下章は、元禄初年前後（一六九〇年代か）にカビ付け節が土佐に生まれていたとし、紀州印南（和歌山県印南市）出身の四人の活動を高く評価している。すなわち、江戸時代初期には初代甚太郎が熊野式の焙乾法を伝え、その息子の二代目甚太郎が播磨屋佐之助の協力を得てカビ付け法を創始したと推定し、中期の宝永年間（一七〇〇年代初め）には森弥兵衛が鹿籠《かご》（枕崎市）で鰹節製造を創始、後期には通称土佐与市が一七〇〇年代末から安房（現・千葉県）、伊豆へ鰹節改良法を伝授した、と彼らの業績を位置付け、彼らによって焙乾、カビ付けを含めた現在の鰹節により近い優良品が市場に提供されることになったとみている。

ここで注目したいのは、鰹節の製法に関係する重要人物が、いずれも紀州の出身者で、その活躍の舞台が土佐（現・高知県）であるという点である。紀州熊野の漁師は積極的に九州や四国方面に進出し、各地でカツオ漁に従事していた。その中から、自分たちが伝えてきたカツオの保存法を改良し、とくに土佐においてその技術を向上させたらしい。甚太郎の出身地といわれる印南には、「かつお節発祥の地」という大きな看板が掲げられ、甚太郎と土佐与市、森弥兵衛の顕彰碑が建てられている。

土佐藩の秘法

カツオの漁獲と加工の技術については、土佐藩の保護の下に技術革新が進んだと思われる。例えば、鰹節に加工する最初の工程である「身おろし」のやり方に土佐切りという方法がある。まず頭を落とし、次いで尾を持って包丁で三枚に切り下ろすというもので、無駄なくしかも効率よく処理できる基本的な技術として定着した。土佐切りという呼び方には、土佐が先進地であることが示されている。そして、カビ付けという、鰹節の品質に関わる重要な技法は、まさに土佐において開発された。土佐藩にとって鰹節は重要な財源となっていたから、高級品を作り出す製法は秘法とされ藩外への流出は禁じられていた。鰹節製法の根幹となる技術の開発過程についての確たる文献がなく、伝承としてもあいまいな理由は、このような土佐藩の事情が背景にあったためだろう。秘法は隠されているからこそ秘法なのである。

しかし、土佐与市の例で見るように、秘法はそれを伝える人間の移動によって拡散していく。文政五（一八二二）年に印刷された『諸国鰹節番附表』に見られるように産地は品

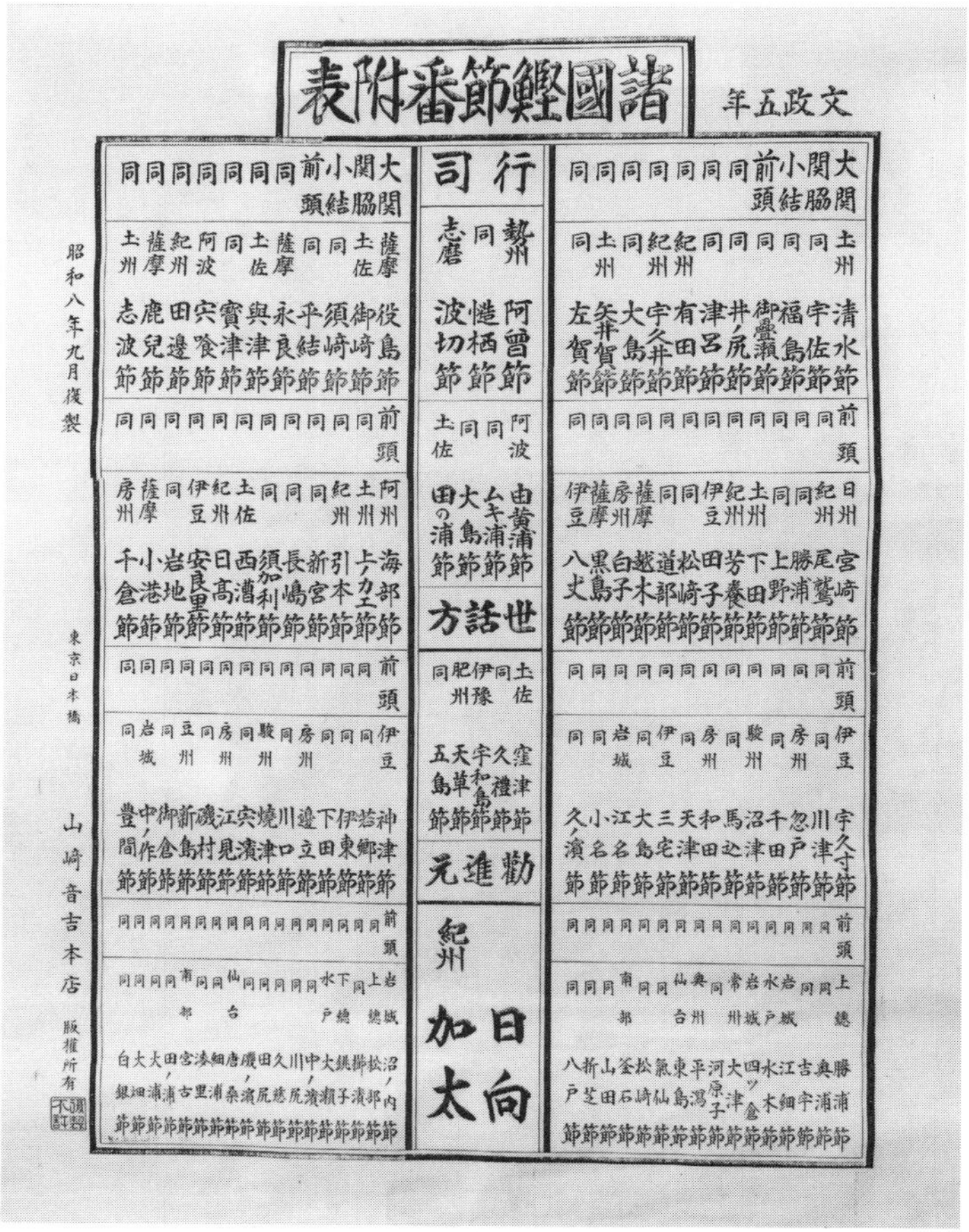

図6　諸国鰹節番附表

焼津節はまだ前頭の中ほどに位置している　焼津漁業協同組合所蔵

「改良土佐節発祥之浦」の記念碑（高知県土佐市）

質向上を競い合った。とくに明治初期における製造技術の発展は目覚ましかった。それには明治政府の水産振興策の一環として、各地の鰹節製造法が博覧会の場で競い合わされたことが大きく影響したと言えるだろう。カビ付けについては、その回数を重ねることで最高級品を生み出すことになり、明治時代の伊豆がその先駆けとなり、焼津がその技術を取り入れたことで、日本一の座を射止めていくことになる。

高知県土佐市宇佐町宇佐橋田には「改良土佐節発祥之浦」と刻した大きな記念碑が建っている。播磨屋亀蔵（天明二＝一七八二年生まれ）と息子の（宮尾）佐之助（文化二＝

一八〇五年生まれ）が、「薪を使って火力の調節をはかり、煤煙の効果を重視するとともに黴付けの工夫その他バラ抜き、もみ付など諸技術の改良に苦心を重ね、幕末に至り燻乾法、黴付法を確立して風味絶佳の改良土佐節を完成」したと解説されている。この佐之助は、二代目甚太郎と協力し合ったという宇佐の播磨屋佐之助の子孫に当たるらしい。すでに紀州の甚太郎、土佐与市らによって現行の鰹節製法はほぼ成立したとみられており、それを基に各地でさまざまな工夫が凝らされていたのだが、この父子によって最上の土佐製法が完成され、それが「改良土佐節」と呼ばれたのだろう。土佐節の元祖であるという地域の誇りがこの石碑を建立させたのである。

遠く離れた地でそれぞれ鰹節製法誕生の意義を説く二基の石碑は、鰹節製造の基本技術が黒潮で結ばれた紀州と土佐で磨かれたことを物語っている。

東北地方のカツオ漁

カツオは黒潮に乗ってくる。黒潮に近い紀伊半島や四国の高知県では、早くからカツオ漁が盛んであった。とくに紀州の漁師たちは漁場を求めて遠隔地に出漁することをものともしない。千葉県の房総半島には紀州漁師が移住して形成した集落がたくさんある。さらに東北地方でも大量のカツオがとれることを知るや続々と北上して、土地の有力者にカツオ漁のノウハウを教えて、カツオ漁を定着させた。もともと東北で主流だった漁業は、大規模な定置網で捕獲するサケ漁であったが、紀州漁師は、単にカツオをとるだけではなく、むしろ鰹節を作ることで地域に新たな産業を興した。江戸時代の中頃には、鰹節加工場としてのナヤ（納屋）とかナヤバという言葉が現地の史料に現れてくる。

このように、江戸時代に東北地方でカツオ漁と鰹節生産が盛んになっていたことが、後述するように明治以降、焼津の鰹節職人が招かれる素地をなしたのである。

製法の広がり

鰹節製造の先覚者として知られる俗称「土佐の与市」は、もともと甚太郎と同じ印南の出身である。たぶん出稼ぎ漁師としてカツオ漁が盛んであった土佐で働いていたが、土佐

土佐与市の墓（千葉県南房総市）
焼津市歴史民俗資料館提供

藩にとって門外不出の先端技術だった鰹節作りの秘法を何かの機会に知ったのだろう。そして理由は分からないが、はるばる房州千倉《ちくら》（現・千葉県南房総市）に行って地元の渡辺久右衛門の保護を受けて鰹節製造に取り組んだ。製造上の最大の特徴は、燻乾法にあったと思われるが、これを移住先の千倉に伝えたのである。この高い付加価値を持つ新商品は江戸に出荷された。大消費地の江戸には美食のためには金を惜しまない気風があり、高級鰹節の評価は高かった。与市に教えられた製法によって安房節あるいは与市の出身地の熊野地方にちなんで房熊節《ぼうくまぶし》と呼ばれたという（『千倉町史』）。

そのころ、伊豆安良里《あらり》（現・西伊豆町）の出身である山田屋辰五郎は、江戸浅草で鰹節問屋をしていて、そこに与市がしばしば立ち寄ることがあった。辰五郎は実家で魚の仲買

鰹霊供養塔（西伊豆町田子）

をしている兄の高木五郎右衛門に与市の素晴らしい商品を示し、製法改良のため与市を招くよう勧めた。五郎右衛門は直ちに与市を雇うことを決め、享和元（一八〇一）年から三年にわたって与市から指導を受けた。地元の伝承では、与市は酒が好きなので、日当金一分（四分で金一両）に酒三升を付けたといわれる。この指導の結果、五郎右衛門家の製品は他に比べて三、四割も高値で売れたという（『静岡県水産誌』）。千倉に戻った与市は再び久右衛門宅において鰹節作りに励み五十八歳で死去、渡辺家の墓所に葬られた。与市がもたらした新製法は伊豆各地に広まったが、とくにカツオ漁が盛んであった隣村の田子（西伊豆町）が有名になり、田子節が伊豆の代表格となった。ちなみに田子には大量に処理したカツオの霊を慰めるための「鰹霊供養塔」が海を見下ろす高所に何基も建てられている。

焼津節の始まり

焼津の鰹節もこの新技術を取り入れることで品質を向上させたと思われる。駿河湾を挟んで向かい合う伊豆と焼津は、強い結び付きがあった。その仲立ちは冬季に吹く強い西風だった。沖合でこの強風に遭った無動力船は、風に逆らって焼津に戻ることはできず、時には西伊豆の最寄りの港で風待ちをしなければならなかったからである。焼津に伊豆から嫁に来た人がいるのもうなずけよう。ただし、焼津が本格的に伊豆節の製法を学んだのは明治になってからだともいう（『焼津鰹節史』、以下『鰹節史』）。時代的にはその中間に位置するのが、通称「志摩の初」こと、初次郎である。初次郎は志摩（現・三重県）崎島の出身で、相良に来て製造法を伝授し、それは遠州節、相良節として評価された。初次郎は焼津にも来て、松村家の先祖に製法を教えたとされ、とくに土佐切りといわれる生のカツオのおろし方を伝授したと伝わる。おろし方が問題になるのは、カツオの身をできるだけ減らさず、かつ効率よくおろすことが収益に直結しているからである。

こうした交流は、名も伝わっていない多くの人々の間で行われ、それが蓄積されて焼津節の基礎が作られていったのだろう。先に紹介した『諸国鰹節番附表』では、大関に土佐の清水節、薩摩の役島（屋久島）節が並び、前頭上位に伊豆の田子、松崎、道部が見え、それより一段下に小さく「焼津節」が挙げられている。この時点では、焼津節はまだ新製法を取り入れていなかったのかもしれない。

初次郎の墓（牧之原市）
焼津市歴史民俗資料館提供

藤枝田中藩の節作り

では新製法伝来以前の焼津では、鰹節類似製品は作られていなかったのだろうか。宝永二（一七〇五）年の城之腰村の明細帳に、田中藩では焼津の漁船がとったカツオを一本につき三十二文で買い上げ、「節」を作らせていたと書かれている（『焼津市史 漁業編』、以下『漁業編』）。年代からみれば、明らかに伊豆節伝来以前のことである。ここに見られる鰹「節」も、先の『本朝食鑑』に見えるような、カビ付けがされていない生利節レベルであったろう。

全くの余談ながら田中藩は、徳川家康が好んだとされる興津鯛を毎年幕府に献上している。これはマダイではなくアマダイのことで、なぜ興津というのかについては、興津産であるからとか、興津という名の侍女がいたからなどといわれている。しかし、実際には焼津の漁師がとったアマダイを田中藩が加工して江戸に送っていた。焼津を領内に抱える田中藩の漁業政策については今後の研究の進展が待たれる。

このような歴史的経緯を踏まえ、焼津が日本一の鰹節産地となり流通の中心になったのはなぜか、次の章で明らかにしていこう。

第4章　カツオと鰹節のまち

明治時代　和船を改造した動力搭載船

1　水産業の近代化

明治期の水産業振興策

明治維新を間近に控えた慶応三（一八六七）年にパリで開催された万国博覧会に、日本からは薩摩・佐賀両藩と江戸幕府が参加した。日本の産物を世界に知らしめようという最初の正式な試みだった。明治になってからは明治六（一八七三）年のウィーン博に本格的に参加するため、国内の物産調査が行われ、水産分野からも報告が上げられている。政府は明治十（一八七七）年に内務省に水産掛を設置した。同年に国内で開催された内国勧業博覧会には漁業関係の絵図などが出品されている。明治政府は漁業権の確立と並行して水産業の振興という国家目標を立て、明治十三（一八八〇）年三月に水産課を設置した。政府はこの前年から全国に及ぶ漁業慣行調査を始めており、静岡県でも明治二十七（一八九四）年に『静岡県水産誌』（以下、『県水産誌』）が完成した。この本には、江戸時代以来の漁業の全容が明確に記録されており、水産業の研究にはなくてはならない書物となっている。

全国にわたるこのような調査結果を基に、政府は明治三十四（一九〇一）年に漁業法を公布（翌年に施行、旧漁業法と呼ばれる）、さらに明治四十三（一九一〇）年に改正し翌年施行された（明治漁業法と呼ばれる）。これによって漁業権制度、漁業許可制度、漁業取締制度が出来上がり、戦後の昭和二十四（一九四九）年に新たな漁業法（新漁業法と呼ばれる）が制定されるまで、日本漁業の根本を定めていたのである。

漁場の拡大

江戸時代には焼津のカツオ船が駿河湾を出ることはほとんどなく、いちばん遠い所でも伊豆半島の南端、石廊崎の南方一八マイルの青根漁場までだったという。江戸時代の焼津カツオ漁船は、八丁櫓と呼ばれた。伝説によれば、徳川家康が焼津から久能まで海上を行くことになり焼津の鰹船に乗ったところ、船足が伸びない。家康がせかすと、漁師たちは「七丁櫓ではこれ以上速くは漕げません。御法度の八丁櫓をお許しください」と願い出て

コラム③

海は誰のもの

海を埋め立てて工業地帯を造ろうという時には、その海面の漁業権を持っている漁業組合との補償交渉が必要になります。このような権利は、いつから確立したのでしょうか。江戸時代には、魚介類をとる権利は地先つまり海岸に沿った村落の両端を沖に向かって伸ばした線の内側に設定されました。他村の船はこの範囲内では操業することはできないのですが、海上に明確な一線があるわけではないので、「うちの村の浜の沖合に隣村の船が網を入れているが、何とかやめさせていただきたい」というような訴えが代官所などに出されると、双方が古文書を持ち出し、何年もかけて争うことになりました。これを「海論」といいます。農業でも大切な肥料や薪を採取するための山地の権利をめぐる争いがしばしば起こりましたが、こちらは山論といいました。

明治新政府が成立すると、まず地租改正を行い、土地の所有権を個人に認める代わりに地券を発行して課税の対象をはっきりさせました。そこで漁業の権利に関しても、全国ばらばらだった旧来の慣行に替えて新たな法整備をしようとしました。しかし、耕地と違って漁場となる海面や磯・浜を個人所有とすることはありえません。そこで明治八（一八七五）年、海面はすべて官有とし、そこで「捕魚採藻」を希望する者は借用願を提出させて調査のうえ許可し、申請者に納税させることとなったのです。ところが、地域によってはこれまでの独占権を保持したい網元と、その下で働いてきた網子たちが自主操業のチャンスと見て申請したために競願が起きてしまいました。混乱を恐れた政府は同九年七月に府県ごとに漁業取締規則を制定させて旧来の慣行をできるだけ維持することとし、さらに同十九年には漁業組合準則を定め、これを手本として地域ごとに組合を作らせたのですが、長年にわたる権利関係は簡単には改められませんでした。

カツオ漁は、今では沖合の漁業という認識が強いのですが、かつては沿岸漁業の一つでもありました。「むかしは虚空蔵さん（焼津市浜当目）の崖にぶちあたるようにカツオの群れが押し寄せたもんだ」といわれるほど漁業資源が豊かだったのです。

復元された八丁櫓　焼津市歴史民俗資料館提供

許可された。これが、焼津漁船だけが八丁櫓を認められた理由だという。

明治十年代になると漁船も次第に大型化し、伊豆七島周辺に好漁場も発見された。焼津からも磁石と星を頼りに島影を見ながらの命がけの航海に出るようになった。この時にはまだ無動力であったから、「フンエ、フンエ」と声を合わせて櫓を漕ぎ続け、よい風が吹けば帆柱を立てて帆走した。神津島の西南方で発見された銭洲で昼に漁を終え、コチと呼ぶよい南風に当たれば、翌朝には焼津に帰ることができたという(『焼津漁業史』、以下『漁業史』)。しかしこの漁場の南には黒潮が流れている。年によってその流路は変化するが、黒潮を越えて八丈島まで行くのは簡単ではなかった。黒潮は幅およそ一〇〇キロメートル、流速は時速四ノット（約七・四キロメートル）にもなり、常に大波が打っている。漁師たちはこの流れを黒瀬川と呼んだ。その向こうによい漁場があったとしても、この障害を越えるのは容易でなかった。また、冷凍設備がないこともあり、とったカツオを迅速に持ち帰る必要もあったので、風任せで手漕ぎの船の活動範囲にはおのずから限界があった。

伊豆七島周辺での紛争

伊豆七島周辺の好漁場には静岡県だけでなく神奈川、千葉両県からもカツオ船が進出し積極的に漁を行うようになった。先に見た文政五年の『諸国鰹節番附表』にも、上位ではないが、三宅節、神津節、大島節、八丈節の名が見えるから現地でも鰹節が生産されていたのである。しかし三宅、神津の両島民には、島周辺に回遊してくるカツオは自分たちのものであるという意識が強く、眼前の好漁場に押し寄せる他所の漁船との間に暴行事件なども起きた。

　そこで明治二十二（一八八九）年、伊豆の漁業者と三宅島との間で、持参した餌イワシの三分の一を三宅島漁船に分けること、三宅島で漁獲物を売った場合には金額の五パーセントを手数料として渡すことなどの協定が成立した。また神津島との間では、神津島漁船が駿遠豆（静岡県）に来た時には、要求すれば餌イワシを無償で提供すること、島の沿海で駿遠豆の船と神津島の船が入りくんで操業する場合、神津島から要求があれば持ち餌の幾分かを分け与えること、同島に水揚げをした場合は五パーセントを神津島の役所に出すこと等が決められた（『県水産誌』巻三）。協定はその後数回にわたって改訂が行われ、この海域でのトラブルは解消されていった（『焼津水産史』）。

　このように漁場が拡大してくると、現地への往復時間の短縮と、漁船の大型化が大きな課題となった。そこで、汽船会社と契約し、現場まで無動力漁船数隻を曳航してもらうことが試みられたが、定着はしなかった。小型漁船には小規模なエンジンを搭載するものが現れてきたが、大型のカツオ船は旧態のままであった。動力化は心ある漁業者にとって緊急の課題になっていた。

富士丸ショック

政府が漁業の近代化を推進するため明治三十（一八九七）年に定めた「遠洋漁業奨励法」は、日本近海に出現する外国船を意識してオットセイやラッコなどの海獣捕獲を念頭に置いていた。これを明治三十八（一九〇五）年に改正し、カツオ船に対しても新造や機関据え付けについて奨励金が出されることになった。

静岡県は県水産試験場に漁労部を新設して早速にこの制度を利用することとし、三重県の大湊（現・伊勢市）の造船所に新造船を発注し翌明治三十九（一九〇六）年一月に進水をみた。これが日本最初の動力カツオ船、富士丸である。長さは一七メートル余、幅三メートル、深さ一・八二メートル、アメリカ製の石油発動機（二〇馬力）を搭載したが、エンジンはあくまでも補助機関という位置付けで、船の種類としては機帆船である。総費用はエンジンのアメリカからの輸送費など、すべてを含めて九二一二円余であった。エンジンは石川島で取り付け、改めて清水港に回航され、以後、清水港を母港として試験航海を繰り返すことになる。焼津にはまだ岸壁がなかったのだ。

この富士丸に四月十一日から乗り組んだ増田龍雄（明治十六年生まれか）という焼津の若者がいた。増田は下船する十月まで、ほとんどすべての試験航海に加わり、私的なメモを残している。それによると、五月二十九日午前六時三十分に品川を出帆し、途中の裏川（浦賀か）と下田でそれぞれ石油三箱を購入、三十一日に清水港着。七島沖の銭洲に行って実際にカツオを釣るなどの試験航海を二回行い、六月九日に清水港で「富士丸祝」（就航祝い）を行った。

記念すべき第一航海は六月十日午前五時三十分に清水港を出帆。沼津、戸田、田子、子浦、仲木に寄りながら、十三日午前五時に仲木を出帆、午前十時に神津島、そこから式根島に行って碇泊。午後六時五十分に出帆しその夜一時三十五分に下田着。十四日は西風に加えて雨のため碇泊し、十五日は午後三時五十五分に下田発、十六日午前六時に銭洲到着、そこでカツオ五〇本を釣り、午後一時に出帆し翌未明二時に清水港に戻った。全航程六日間だった。その後十数回の航海を繰り返したが、それぞれの日数は、ほぼ三日から五日の間である。冷凍設備のない時代、生のカツオを持ち帰るにはこの日数が限界だったのだろ

静岡県水産試験場の動力漁船、富士丸　焼津漁業協同組合所蔵

う。

この一連の航海で釣り上げたカツオの売却代金は一万円近くになったともいわれ、動力漁船が投資以上の大きな利益を生むことが立証された。ちなみに船名は七世まで継承され、現在は「駿河丸」が業務を受け継いでいる。

富士丸の成功によって、漁船の動力化が急速に進んだ。明治四十一（一九〇八）年には御前崎村の下村勝次郎が駒形丸（長さ二〇メートル、一九トン）を建造し、民間でも動力化への試みが始まった。漁場は沖へ沖へと拡大する。造船費用も巨額になって、従来の家族的経営では対応できない。そこで信用組合が結成され、周辺の農村部の有力者が出資するようになり、漁業は経営面からも大きく変わっていく。焼津にとって、いわば富士丸ショックとでもいうべき大変革が引き起こされたのだった。

近代的経営への転換

漁船の大型化、動力化には莫大な資金が必要である。そのため、焼津では明治四十（一九〇七）年から翌四十一年にかけて二つの金融組織が相次いで設立された。ここで、『漁業編』を参考にしながら明治期における焼津漁業を支えた金融の仕組みを見ていこう。

明治四十（一九〇七）年十一月に設立された東海遠洋漁業株式会社（㊐《マルトウ》）は、片山七兵衛を初代社長とし、当初の資本金は三万円で、会社が発動機船二隻を持つことを目標とした。この会社に対する出資者が大変興味深い。明治四十四（一九一一）年の営業報告では、発行株式六〇〇〇株のうち、最大の株主は一二〇株（一株五〇円）を所有する広幡村の大地主で焼津銀行頭取の甲賀英逸、二番目で八〇株の池ケ谷英太郎は焼津の魚商、ともに七〇株の村上令一は和田村の地主、片山七兵衛は焼津の魚商であり、船元として北原吉太郎が初めて顔を出すのはこの六年後である。つまり、漁業の近代化を推進するに当たっては、直接漁業に従事する船元よりも、周辺の地主や魚商人が主要な出資者になっている。漁の成果としての鰹節が商品として大きな魅力を持っていたからである。ウミの仕事が、漁業者というより周辺の地主や実業家など、オカの資金によって支えられていたわけだ。

次いで翌明治四十一年六月には、有限責任焼津町生産組合が設立された。こちらも第一の目的は動力船を建造して漁業者に貸し付けることで、略称を㊓《マルセイ》といった。組合の理事長は山口平右衛門（焼津漁業組合長）、理事には焼津の船元、銀行家、魚商などが名を連ね、組合員二五七人、出資金は総額五万円余であった。

焼津において金融をめぐる積極的な動きが目立つようになったのには、明治二十二（一八八九）年七月、東海道線が開通し焼津に駅が設置された影響が極めて大きい。東海道線は当初は旧東海道に沿って敷設される計画であり、藤枝駅も旧城下町に設置されるはずだったが、住民の反対で城下町から外れた農村地帯に設置された。それに伴って線路も大きく南に寄せられたために現在の焼津駅が誕生することになったのである。焼津水産業

コラム④

海上安全の青峰さん

青峰山正福寺所蔵の八千代丸絵馬

丸の中に青という漢字を染め抜いた小さな青い旗がマストに翻っている漁船をよく見掛けます。これは、三重県鳥羽市にある青峰《あおのみね》山《さん》正福寺《しょうふくじ》の観音様に、海上安全を祈願していることを示すものです。焼津では、この青峰さんに対する信仰がとても深く、古くから船元たちが参拝に行っていました。そこで、明治四十一（一九〇八）年に焼津の漁業者が青峰山教会を焼津市鰯ヶ島にお迎えし、はるばる鳥羽まで行かなくても、ここで祈願すればよくなりました。焼津のカツオ船が八丈島辺りまで進出し始めたのが、まさに

那閉神社所蔵の八千代丸絵馬

この年でしたから、漁場が遠くになるにつれて海上安全の願いも強くなったことが分かります。焼津漁船は、出港時に教会前の海上を左回りに三回廻ってから沖に向かったものです。

本山の正福寺には焼津から奉納された絵馬がたくさん掲げられています。中には浜当目の那閉《なへ》神社に奉納されているものと同じ絵馬もあります。大正期のカツオ船八千代丸（浜当目）の絵馬です。写真を比べてみてください。乗組員氏名の書き方が違うだけで、まったく同じものです。また、大正四（一九一五）年、海底噴火に遭遇した第三高根丸の三原万吉が「無事帰港できたことは実に神の加護、天祐である」として奉納した大型の絵馬もあります。すさまじい海中噴火の大波に翻弄される漁船が描かれ、雲に乗った御幣《ごへい》から光が差しています。文字通り、天の助けによって無事帰港できたのでした。

の発展にとって、まさに僥倖《ぎょうこう》だった。これにより取引の範囲が拡大し、全国的な市場が開けてきたため、浜通りの地区（旧村）ごとに組織化されていた仲買問屋たちは、資金確保のために組織の統合を図った。すなわち城之腰の焼津水産会社、鰯ケ島の駿南水産合資会社、北新田の共同水産合資会社は明治三十九（一九〇六）年十二月に解散、合同して焼津水産合資会社を設立した。この会社の略号を㊂《マルサン》としたのは、もちろん三社が合同したという意味である。主たる業務は水産物委託販売と仕切りの保証であるが、漁業者への資金貸付も行った。

動力船の普及と鋼船化

動力船の新造は簡単ではないし、エンジンも高価である。そこで従来の無動力の船体を若干改良し、そこに外国から買い入れた補助エンジンを装備することも始まった。やがて、船体の大型化とともに木造船から鋼鉄船へ、さらに簡易な焼玉エンジンからディーゼルエンジンの搭載へと進んでいく。それに呼応して焼津にも最新のエンジン製造工場が誕生した。(生)《マルセイ》焼津町生産組合は動力船搭載の発動機に東京の池貝鉄工所（現・株式会社 池貝）製を採用することとし、同社から赤阪音七が派遣された。音七はその手腕を高く評価されて(生)が設けた修理工場を任され、大正元（一九一二）年に独立して赤阪鉄工所を創業した。大正四（一九一五）年には早くも自社製六馬力の発動機を漁船に搭載するまでになり、その後焼津漁業の発展とともに大きく成長していく。

鰹節が担保になった

信用組合や銀行からの融資には担保が必要だが、焼津では製品である鰹節そのものが担保になった。鰹節産業の規模拡大に伴い、商人は全国から荒節（未製品）を買い付け、焼津で仕上げを行った。ただし完成品とするには時間がかかる。その間確実に保管できる施設があれば、倉庫に保管中の鰹節そのものを担保にして銀行も融資したのだ。

明治三十九（一九〇六）年に片山七兵衛、村松善八ら八人は焼津水産製造株式会社㊇《マルハチ》を設立したが、うまくいかず、後に善八の長男、二代善八が㊇を個人買収した（つまり、

㈧の八は「善八」の八ではなく、当初の設立に携わった「八人」に由来している)。行き詰まった理由の一つは、製造家の立地条件にあった。製造工場はいずれも海岸に面しており、高波が来れば荷質(担保物品)も浸水被害を受けざるを得ない。この不安定さが融資の障害になっていた。

そこで、安全な専用倉庫を建設して金融機関の不安を除くこととし、大正二(一九一三)年に焼津銀行をはじめ地元有力者を出資者として焼津倉庫株式会社を設立、海岸から離れた地に石造りの堅牢な倉庫を建設した。この利用者が増大するに伴い、倉庫は当初の五〇坪から四〇〇余坪に拡大した。しかも倉庫は単に製品を保管するだけでなく、乾燥場と黴付け室も設けられたので、荷主は随時ここを訪れて手入れを行った。

昭和五(一九三〇)年ごろの状況は、区画ごとに賃貸しをし、融資を受ける場合は預かり証と担保品差入証を提出するという簡便なものであった。もちろん融資に関係なく倉庫としての利用もあり、倉庫全体の収容力は約一万樽で常時八千樽内外が保管されていたという。倉庫の周囲は当初の水田地帯から次第に宅地化が進むなど、焼津の市街地拡大にも一役買った(『鰹節史』より)。

鰹節は樽詰めにして出荷された　焼津市歴史民俗資料館所蔵

輸送用の樽にもこだわり

鰹節は、まずはその姿かたちの美しさが第一に評価される。そのためには輸送用の容器にも細かな気配りが求められた。江戸時代も比較的早い頃の明暦年間（一六五〇年代）の製法は粗放であり、製品は筵《むしろ》と菰《こも》に包んだ程度のものだった。これが寛政年間（一七九〇年代）に箱詰めとなり、嘉永年間（一八五〇年前後）から樽詰めになった（後述の福島県いわき市四倉では焼津技術導入前まで箱詰めだった）。従って輸送量なども何樽と表記された。例えば、明治四十（一九〇七）年に焼津駅から発送された鰹節は三四五九樽、到着した鰹節が三二五八個だった。荒節の形で入ってくる鰹節素材は、木箱であったので「個」で数えられたのに対し、出荷する鰹節は樽（一樽は一〇貫目で約三七キログラム）単位であった。樽には、堅牢さだけでなく外観の美しさも求められた。白い杉材に青い竹の箍《たが》がアクセントになり、そこに鰹節商の名を書いたラベルが貼られた。明治四十（一九〇七）年には水産物製造販売組合は、樽の大きさを定めただけでなく用材は紀州産の杉材を用いると決めた。樽の製造業者は八人で、桶屋職組合をつくっていたらしい。大正六（一九一七）年には二万八〇〇〇樽以上を製造している（『鰹節史』）。

あらためて注目したいのは、江戸時代から明治初期まで、ほとんど変化がなかった焼津のカツオ産業が、東海道線の開通という、流通面における大変化に見事に対応したことである。さらに、静岡県の試験船富士丸によって漁船の動力化に大きな可能性を認めるや、直ちに新船建造のための資金確保の道を探り、金融面から積極的にカツオ産業を育て上げた。しかも、資金源となったのは、地元の船主というよりも、むしろ周辺部の地主や実業家からの投資であり、農村部の余剰資本が漁業発展の基盤をつくった。こうして資金を確保できた水産業界は、漁船の動力機関製造工場をも地元で育てていく。焼津は、名実ともに総合的な水産都市として発展していくことになった。

2　焼津節の全国制覇

荒節供給地からの脱却

鰹節を軸とする焼津水産界の発展過程は、同時に商品としての鰹節の品質向上の歴史でもあった。焼津で作られる鰹節は、江戸時代には駿河節の一部として扱われていたが、城之腰の製造者を中心として新技術の導入に積極的に努めた結果、日本一の地位を築くことができたのである。

焼津の鰹節は、明治中頃までは先進地である高知県の土佐節や田子（現・西伊豆町）を中心とする伊豆節と比べてかなり劣っていた。かつては大部分が荒節あるいは生利節《なまりぶし》として売られていたと伝わる。つまり焼津は完成品としての鰹節よりも、その素材となる荒節産地の地位にあったので、明治初年までは田子や安良里の業者が焼津の荒節を買い付け、伊豆で仕上げ加工をして東京へ搬出していた（『焼津水産会沿革史』、以下『沿革史』）。しかし明治十（一八七七）年ごろよりようやく焼津の技術も向上して本格的な鰹節ができるようになったため、伊豆の業者による荒節買い付けはなくなり、逆に下田、仲木（現・南伊豆町）、大瀬《おせ》（現・沼津市）から荒節を買い入れるようになった。しかし、製品の高評価を得るためには、カツオを煮沸する段階での水質や温度に始まってカビ付けの技術に至るまで、焼津が学ばなければならないことはまだまだたくさんあった。

焼津節の評価が高まり始めるのは、明治二十二、三年ごろからである。この頃より伊豆七島の式根島、三宅島、さらには福島県から荒節が入るようになり、日清戦争に勝利した明治二十八、九年ごろからは宮城県や岩手県からも荒節が来るようになった。これらを基にした製品は、「何地産焼津再製」あるいは「何地産焼津改良」というように原産地名を冠して市場に出された（『沿革史』）。

こうした事態が進行している時期にあたる明治末年、全国の鰹節製造について、大竹健吉がおもな産地やそれぞれの特色を分かりやすく分類している（『鰹節の製造』）。それに

表1　明治末年における鰹節名産地ごとの特色

名産地	伊　豆（静岡県）	土　佐（高知県）	薩　摩（鹿児島県）
同系統の産地	東京府 神奈川 千葉 茨城 福島 宮城 岩手 青森 北海道	三重 和歌山 徳島 愛媛	宮崎 鹿児島 熊本 沖縄
色と形状	茶褐色 自然な形状 瀟洒な趣	赭黒色 ことさらに手工を加えた感あり 古色蒼然	黒褐色 粗にして修飾なし 薩摩人の特性に似る
風味	淡泊 香気あり	伊豆節より濃厚 香気強い	味濃厚 香気乏しい
煮汁	透明 わずかに黄色	黄色 わずかに白濁	濃黄色　混濁 冷却時に腥気

（注）赭黒色とは黒みがかった赤土の色、腥気は生臭さのこと
出典：大竹健吉『鰹節の製造』より作成

よると、日本の鰹節は、かつては熊野節が市場に雄飛していたが現在は衰退し、熊野節を改良して発達した伊豆・土佐・薩摩の三系統に区別でき、それぞれ東日本、紀伊半島と四国、九州・沖縄が主たる生産地となっているという。鰹節の産地ごとの形状、味わいなどについて大竹に

よる評価の要点を表１に整理してみた。ここで気づくのは、伊豆節ひいては焼津節が、形が美しく、煮汁が透明で香気が高いという評価を得ていることである。これが繊細な味わいを求める和食料理人に好まれ、かつ贈答品としても高評価を得ることになる要因だった。焼津節の全国制覇は目前に迫っていたのである。

技術向上への努力

焼津節がこのような地位を獲得できたのはなぜか。その契機になったのは、水産振興を図っていた明治政府が開催した水産博覧会だった。第一回水産博覧会は明治十六（一八八三）年に開かれ、焼津からは服部伝七が出品した鰹節が三等賞を獲得したものの、肉質に脂肪分が多く高知県産にはとても及ばなかったとされる。他産地とのレベル差を実感し、改良点を見つけていく機会として博覧会や品評会は極めて有益だった。先進地に積極的に学ばなければならないという動きが業界のリーダーたちの間に芽生えた。一例を挙げると、明治二十二（一八八九）年に高知県から招いた河内弥之助の指導は評判がよく、翌年再び河内を招いて村松善八方に伝習所を開設、とくにカビ付けの技術を学んだという。具体的には、カビ付け後、天日に干した後で焼津では棕櫚《しゅろ》たわしで力を込めてこすってカビを全部落としていたのだが、それをやめて、一回目のときにカビの固まっている部分だけをブラシで落とす方式に変えたことを挙げている（『沿革史』）。

静岡県でも国に倣って明治二十六（一八九三）年に水産品評会を開催、翌年には焼津水産品評会が開かれ、ここに出品して評価を受けることで生産者は互いに切磋琢磨しあった。明治三十（一八九七）年の第二回水産博覧会でこうした努力の成果が表れた。審査報告では、伊豆節と称するものの中で西浦（現・沼津市）は良品を出して東京に売られているが、昨今、駿河節（焼津）の改良が進み伊豆節と伯仲してきた。静岡県の鰹節は、丁寧に作られており、煮沸と乾燥に意を用いているので長期の貯蔵にも耐えるのが長所である、とその特徴を述べている（『鰹節史』）。

『県水産誌』に見える明治中頃の評価では、江戸時代以来の産地である土佐、薩摩、伊豆は、それぞれ固有の製法と形色を持っており、土佐節のいちばん良い点は、漁期が早いためにカツオそのものの品質が良く、使用する水に恵まれているので風味形状とも他に優れている。伊豆と焼津城之腰のものは、製造が丁寧だが、味は土佐節に劣る。薩摩節は形に特徴があり外観は醜陋《しゅうろう》（よくない）だが味は素晴らしい、けれども土佐に比べれば品位に劣るとされている。先に見た三つの産地の比較表と対照させていただきたい。

九州から四国にかけては、黒潮に乗ってくるカツオの漁期が早く、魚体の脂肪分が少ないし漁場が近いために鮮度の良い魚を入手できるのは有利である。それに対して静岡県では漁場が遠いために鮮度が落ち、近海でとれるものは漁期が遅くなる関係で質が良くない。それを製造技術で補うか、遠方で漁獲した魚は伊豆七島で加工してしまうなどの工夫が必要となる。製造技術が向上してきた焼津は、こうした不利な条件を克服しつつ産業として発展していくために、地元漁船の魚だけに頼らずに、質の良い荒節（鬼節）を鹿児島辺りで大量に買い上げ、焼津で仕上げるのがよいだろうということで、焼津の生産者が積極的に鹿児島の産地との関わりを持ち始める。かつて、素材の荒節を提供するという地位にあった焼津が、上質の鰹節作りの技術を確立することにより、まったく逆の立場になってきたのである。

鹿児島と焼津

かつては焼津よりも高い技術を持っていた鹿児島県から焼津の職人が招請されたのは明治二十九（一八九六）年が最初である。翌年には、東北で指導した経験のある村松善八と山口徳太郎が伝習教師として招かれている。しかし鹿児島の生産者には焼津ごとき新興産地とは違うというプライドも高かったらしい。大正期の話だというが、製造教師として鹿児島に行った清水善六に対しては、伝統ある薩摩の製法に手を加えようとするのは許しがたいという反発が強く、製造場と宿舎の間を水産試験場職員が護衛を兼ねて同行したという話が清水家に伝わっている（『鰹節史』）。

鹿児島の製造技術が上がってくると、荒節の供給地として重要視されるようになる。素材となるカツオの質そのものは焼津よりも良いのだから、加工技術が伴えば商品として遜《そん》色《しょく》のないものができる。そこで、熟練の職人を鹿児島に派遣して自社向けの製品を直接生産してもらうという例が増えた。

柳屋商店（現・柳屋本店）では、大正末ごろから毎年鹿児島県の枕崎と山川《やまがわ》（現・指宿

鹿児島県旧山川町のカネフ工場にて（昭和13年）　個人蔵

市）に協力製造工場を設定し、自社の熟練工四、五人を派遣して製造工程の要《かなめ》の部署に配置し、主として荒節の生産を行った。製品は樽に詰めて焼津の本社に送った。こうした現地生産は焼津の漁期の始まる五月までだが、この間に現地における同社生産量は千樽（一万貫）に及んだという（『かつお一筋に生きる』）。写真は、柳屋商店の経営陣であった村松善一（後列中央のネクタイ姿）らが昭和十三（一九三八）年に山川の協力工場である藤崎家（屋号フ《カネフ》）を訪れた時のもので、職人は柳屋ゆかりの㊇を染め抜いた前掛けをしている。

　枕崎や山川には、こうして焼津の鰹節商と

の関係ができたことにより、やがて出稼ぎの形で焼津の生産現場で製造技術を学ぶ人も多くなった。

指導者ではなく鰹節職人として九州の生産地で働いた人もいる（以下『漁業編』による）。枕崎市でダイマルという屋号で鰹節製造業を営む大石克己さん（昭和五年生まれ）の父は、焼津市利右衛門出身の鰹節職人として焼津の製造家で働いていたが、その父の兄つまり克己さんの伯父は早くから枕崎に行って鰹節製造に従事していた。

当時の枕崎には五〇～六〇ほどの製造所（ナヤと呼ばれる）があり、焼津からも大勢の職人が来ていたという。この伯父が焼津に戻ってきたので、克己さんの父はその代わりに枕崎に行って働き、やがて現地の女性と結婚した。その後、両親が焼津に戻ったところで克己さんが生まれた。その頃、日本の南洋進出が盛んになっていて、その代表的な会社である南興水産の募集に応じた一家はパラオに移住、いわゆる南洋節の製造を行った。その後、父は南興水産を退社して枕崎に戻ったが、焼津で組織された皇道践団の一員としてボルネオに赴いた。戦後、克己さんは焼津で修業し、父の跡を継いでダイマルの二代目となったのである。

このように焼津と枕崎、山川は、相互の交流の中で技術向上に努めてきた。現在の鰹節生産量は枕崎がトップの地位に立ち、ヨーロッパへの進出についても先鞭をつけている。また、東京の老舗である株式会社にんべんなども独自の戦略を持って鰹節の販路拡大に努力している。こうした背景に、生産現場における技術交流が果たした意義は極めて大きかった。

岩手県での懇切指導

ここで鹿児島とは焼津を挟んでちょうど反対側に位置する東北地方との関連をあらためて見ていくことにしよう。

岩手県の公文書館には、明治はじめの岩手県成立以前からの公文書が整理、保管されている。戦災で県の公文書を失った静岡県にとっては、うらやましい宝の山である。その中に、明治三十一（一八九八）年十二月四日、焼津市城之腰に住む鰹節職人、小林熊吉が岩手県庁の農商担当者に宛てた礼状があった。

「出張中は大変お世話になりました。去る三日、無事に帰宅しました」という内容で、この礼状を綴りこんだ簿冊には、「山田町鰹節伝習所の担当者が、報酬のほかにお礼として一五円を差し上げようとしたのですが、どうしても受け取ってくれないので県から口添えをしてほしい」という文書もあった。小林熊吉が実に誠実で律儀な人物であることが分かる。山田町（岩手県下閉伊郡《しもへいぐん》）は、先の東日本大震災で大きな津波被害を受けた所だが、江戸時代から海の幸に恵まれており、餌イワシが豊富でカツオ漁が盛んになった。熊吉は動力船以前のカツオ産業勃興期の山田町で指導したのである。

すでに鰹節先進地として荒節の出荷先にもなっていた焼津には、各地から鰹節教師の派遣依頼がきた。岩手県が初めて焼津から教師を招いたのは明治二十七（一八九四）年で、村松善八と松永兼吉の二名が気仙郡（唐丹《とうに》）と東閉伊郡（宮古）で巡回指導をした。各地に招かれた教師の数は大正六（一九一七）年までの二十五年間ほどで延べ一五〇人に上る。行き先を見ると北は北海道に始まり、三陸沿岸から福島県、千葉県、神奈川県、三重県、さらに鹿児島県と同県大島、遠く小笠原や台湾澎湖島にまで及んでいる。

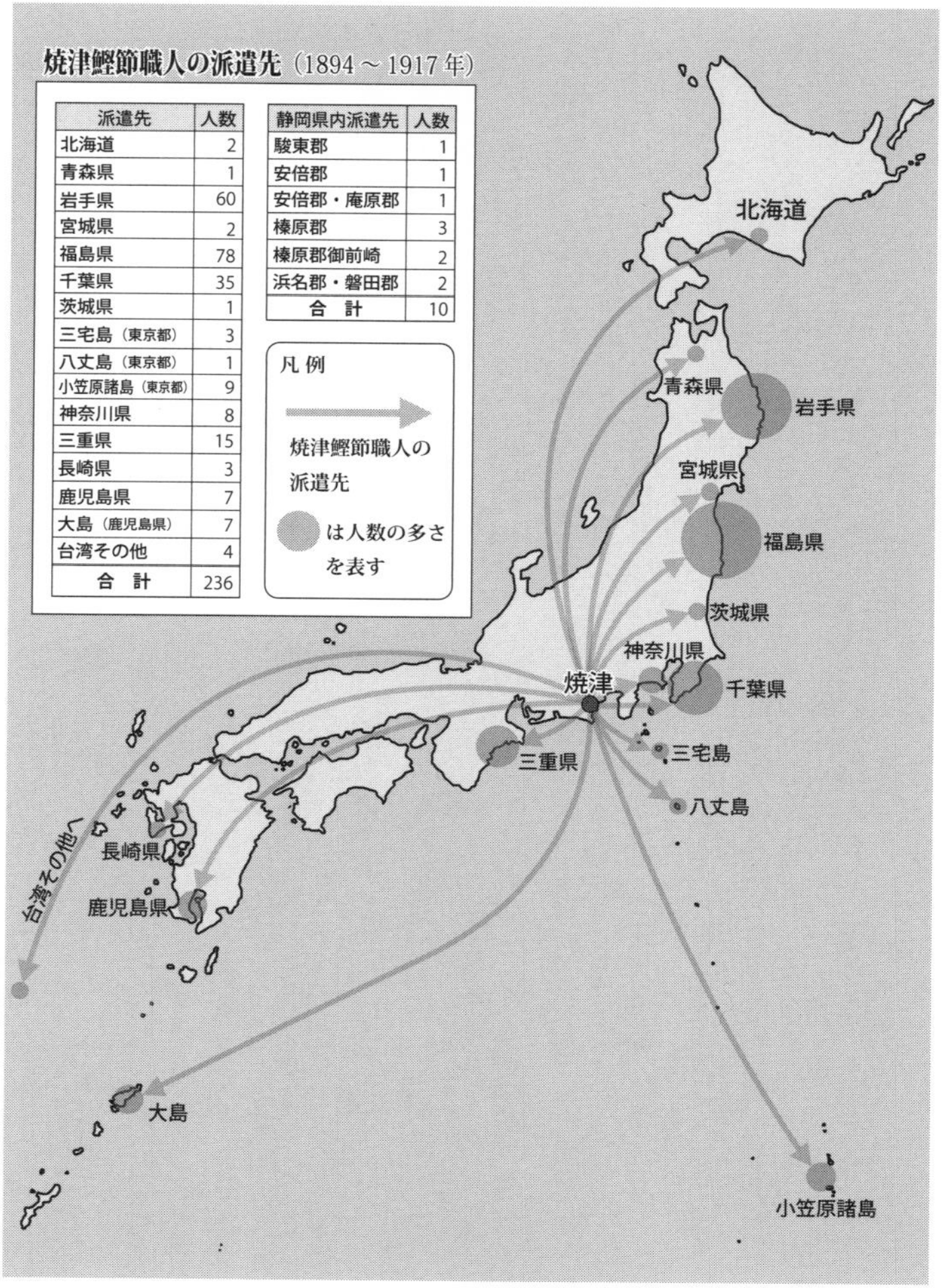

派遣先	人数
北海道	2
青森県	1
岩手県	60
宮城県	2
福島県	78
千葉県	35
茨城県	1
三宅島（東京都）	3
八丈島（東京都）	1
小笠原諸島（東京都）	9
神奈川県	8
三重県	15
長崎県	3
鹿児島県	7
大島（鹿児島県）	7
台湾その他	4
合　計	236

静岡県内派遣先	人数
駿東郡	1
安倍郡	1
安倍郡・庵原郡	1
榛原郡	3
榛原郡御前崎	2
浜名郡・磐田郡	2
合　計	10

図7　鰹節職人の派遣先

出典：『焼津市史 図説・年表』より転載

焼津節に高い評価

焼津の鰹節職人が岩手県に招かれるようになったのは、岩手県産荒節の移入がきっかけだった。明治十五（一八八二）年に千葉、茨城両県から荒節が移入されたのを最初とし、明治二十年代になると福島、宮城、岩手県から入ってくるようになった。当然ながら製品についての評価が現地に伝えられたに違いない。「焼津で高く買ってもらえる製品を作りたいから、そのやり方を伝授してほしい」というような要請があって、焼津好みの節作りが新興の荒節生産地で行われるようになるのである。

大正五（一九一六）年の岩手県下における鰹節製造伝習所成績一覧（『岩手県漁業史』）によると、この年岩手県内に開設された伝習所は七カ所（他に一カ所開設されていたという）で、そのうち五カ所に焼津から服部万吉、八木国蔵、山口政吉、鈴木力之助、山田兼吉が出張している。例えば、鈴木力之助は唐丹《とうに》村の製造家の工場（窯五基、煮籠一〇〇個、蒸し籠六〇〇）で八月一日から十一月十七日までの一〇八日間指導を行った。参加した伝習生は二〇人、処理したカツオは四七〇〇匹、製品は本節、亀節、荒節合わせて六〇〇貫である。製品は地元で販売されたが、他の地元産に比べると約二割四分ほど高値で売れたとされる。焼津の職人たちは現地に四カ月間ほど滞在し、商品としての鰹節を製造しながら技術指導を行っていた。もっとも岩手県における鰹節生産は、原料カツオに脂肪分が多くて良品を作り難いというので、昭和に入ると衰退していった。

福島県では石碑が建った

福島県では幕末期に土佐から教師を招いて製造した所もあり、荒節が明治二十二、三年ごろから焼津に移入されていた。この時点では当地方の鰹節は「岩城節」と呼ばれていたが、市場ではほとんど粗悪品の代名詞のようにみなされていた。そうした鰹節の生産地の一つ、四倉《よつくら》（現・いわき市）に招かれて鰹節製造の技術指導を行ったのが焼津出身の今村長吉だった。長吉は明治三十五（一九〇二）年七月に四倉新町の屋号を山丸という鈴木家の敷地内に設けられた「改良鰹節伝習所」で技術指導した。その結果、品質は一気に向上し、同時期に周辺の江名などにも焼津から派遣されてきた教師のもとで熱心に学んだ受講

今村長吉と義損金への感謝状　今村光一氏所蔵

者の努力によって、「岩城節」の評価は大いに高まった。

　長吉の功績をたたえる石碑が明治四十二（一九〇九）年十月に四倉諏訪神社境内に建立された。そこには、長吉の指導によって作られるようになった鰹節は、その削り面はあたかも鼈甲《べっこう》のような艶《つや》を持ち叩けばカツカツと響く、駿河や伊豆の鰹節と遜色なく、従来品の五倍にも売れ、近隣の産地中一等の品質となった、今村氏のことは永久に忘れることはできない、という最大限の賛辞が刻まれている。

　今村の生徒の一人であった佐藤宇三郎の孫に当たる保弘さんは、「祖父は仕事をしながら、今村先生の功績は大したもんだ、と言っていた」

と語る。同家には宇三郎が使用した節削りの道具箱が今も保管されている。この明治三十五（一九〇二）年に焼津から福島県に派遣された鰹節製造教師は、今村長吉に加え村松善八、岩崎兼吉、松村春吉、斉藤菊蔵、服部萬吉の六人であった。

今村長吉は、明治二十九（一八九六）年に起こった三陸大津波に際して二〇銭の義捐金を出し礼状を受け取っている。長吉は岩手県の宮古に五年も指導に行っており、悲惨な災害の跡を直接見た可能性もある。大正四、五、六年には鹿児島県の奄美大島にも行っている。

荒節の買い付け

東北各地における焼津の鰹節教師の指導が実り、良質の鰹節が作られるようになると、焼津の鰹節商がそれらを買い集めるために自ら出張したり、使用人を派遣したりするようになる。時期的には明治三十年代後半からということになろう。焼津市三ケ名在住の斉藤伴雄家には明治三十八（一九〇五）年の八月から十二月までに関係者間で交わされた書簡が二〇通余残っている。内容は時々の鰹節の値段や買い取りに関するもので、主要な関係者は、釜石港の近江屋に滞留中の斉藤幸太郎、山田町萬藤九郎方の村松徳太郎、焼津港の松村竹次郎で、斉藤幸太郎は大槌からも手紙を出している（『焼津市史史料目録』斉藤伴雄家文書）。これらから岩手県各地で買い付けを行っている様子がうかがえる。

焼津鰹節商の活躍については、大正九（一九二〇）年に焼津を訪れた柳田国男が焼津のカツオ漁について記したところで、「宮城・岩手の海岸の村々では、焼津の鰹節商だという青年によく逢った。売りにきたかと思うとそうではなく、この辺から半製品を買い集めて、焼津で仕上げをして出すのであった」と書いている（『秋風帖』）。

地元の製法と「本場」の焼津製法

長吉たちが福島県において指導した内容と使用した器具などについては、福島県水産試験場が実施した詳細な比較調査の結果が残っている。そこでは、焼津の技術を「本場」、在来のものを「地元」と表現しているのが興味深い。その違いを、カツオを煮るための用具の改良という例で見てみよう。

地元では、竹製の煮籠の底に湿した茅を敷き、その上に魚体を並べるが、詰めすぎて肉が籠からはみ出すなど、型崩れしやすかった。それに対して本場の方法は、籠の底に敷籠といって小割りした篠竹を薄く削って平らに編んだものを敷き、その上に魚体を並べる。これは傷が付きにくく、煮ている最中にも魚体が動きにくいので型崩れもしにくい。鰹節は形状の美しさが評価されるのに、茅に直接魚体が当たると筋がついてしまう。竹を削って平らにした面に載せることで筋が付くことを防げるのである。一見、ささいなことに見えるが、ここには商品としての価値を高めるにはどうすべきか、という発想が見られる。実は、「本場」でもかつては「地元」と全く同様な方法が行われていた。それを改良してこのような方法を編み出したのだった。

ここで興味深い事例を紹介しよう。焼津から見れば「本場」に当たる伊豆の田子から、明治三十一（一八九八）年に遠く長崎県西彼杵郡《にしそのぎぐん》（現・長崎市に隣接）の伝習所に指導に行った福田力太郎という人がいた。彼の報告書によると、現地での煮方は、籠には何も敷かず、しかも魚体の並べ方も適当にやっていたので、茅を水に浸して柔らかくしたのを籠の底に敷き、その上に魚体を雌節、雄節に区分けしてきちんと並べるように指導したとある。

鰹節作りでは早くから名が知られていた九州で、最も粗雑な製法が継承されており、そこに田子で行われていた「蒸す（煮る）ときに茅を敷く」という新製法が伝授されたのだが、この製法はすでに東北地方には広がっていた。その上に立って、焼津では平らに削った竹を並べた上に魚体を並べるという丁寧なやり方が開発されて焼津節の評価を高めることになり、これがやがて広く普及していくことにつながる。つまり、先進地のはずが、いつの間にか後発の産地に抜かれていくという図式が見事なまでに見て取れるのである。

土佐との交流

鰹節作りの先進地高知県でも、とくに土佐清水市の中浜《なかのはま》は、漁獲と鰹節製造で知られている。ちなみにここは幕末に活躍したジョン万次郎の出身地として有名だ。中浜育ちで明治三十三（一九〇〇）年生まれの和泉藤次郎さんは二十一歳の時、焼津から来た小柳さんという講師から、須崎の県立水産試験場（大正九＝一九二〇年に講習部設置）を会場にして鰹節作りを習ったことがあったという。中浜でも地元の人が講習所を開き自ら講師となって娘さんたちに節《フシ》作りを教えていた。また明治から大正の初めごろには、静岡からも節作りを習いに来た人がいて、納屋（製造所）に入って地元の人と一緒に作業をしていた。出身地は焼津ではなく伊豆の田子の方だったかもしれないということだった。

鰹節作りに土佐で使用された刃物は土佐刃物と呼び、この辺りでは土佐山田（高知県香《か》美《み》市《し》）で作られる片刃の包丁だった。しかし静岡から来たのは両刃であり、これは身を余計に取ってしまう可能性はあるが、使いやすく型を揃えやすい。片刃は刃が厚いために技術が必要で、慣れないと左右に割いたとき形が違ってしまうこともあった。静岡との交流が盛んになるとともに使用する出刃は静岡風になっていった。

そうした出刃を製造して職人に愛用されたのは藤枝市本町（千歳）にあったシゲノブ（重信刃物店）の製品だった。重信刃物店は江戸時代には刀鍛冶であり、忠臣蔵の大石内蔵助の小柄を作ったのも同家の先祖だったと伝わる。しかし明治の廃刀令以降は刃物鍛冶として主として包丁を打つようになった。とくに焼津で鰹節作りが盛んになるに伴い、節作りの各工程に応じて特殊な形態の包丁が作られ、シゲノブの製品は、焼津はもちろん、鹿児島、三陸、銚子、土佐、佐賀などからも直接注文が入ったほどだった（『藤枝市史　別編民俗』）。しかし、削り節が盛んになるにつれて職人技と不可分の関係にあった優秀な道具の需要が激減し同店は平成になって廃業した。

枕崎との交流

鹿児島県も古くからカツオ漁と鰹節製造が盛んで、宝永年間（一七〇四～一一）には紀州の森弥兵衛が枕崎へ鰹節製造法を伝えて薩摩節が誕生したといわれている。枕崎の鰹節職人、浜田澄秀さん（大正十二年生まれ）は、昭和十三（一九三八）年に高等小学校を卒業すると、大阪で鉄工の仕事に就いた。当時の枕崎では、就職といえばカツオ船に乗るか、鰹節製造をするか、大阪方面へ出るかのいずれかだったという。しかし、終戦を機に地元に戻り、昭和二十一（一九四六）年から、母が懇意にしていた中村水産で鰹節製造をすることになった。中村水産は船も持っていて、新造船の業績が良かったので焼津のシンコウ丸（新興丸か）を中古で仕入れたこともあった。澄秀さんは小学生の頃から船に興味があ

急造庫内の鰹節（鹿児島県枕崎市）

り、昭和九（一九三四）年ごろに、水栄丸（五〇トンくらい）や幸栄丸（一五〇トンくらい）などの焼津の中古船が枕崎に仕入れられたことを覚えている。枕崎の船は薩摩型といって舳先《へさき》が尖っており、焼津の船は最新型でかっこよかったという。

中村水産の鰹節製造で新入りが最初に任されたのは鰹節の乾燥（焙乾）の工程で、手火《てび》山《やま》の火の管理をした。手火山とは鰹節の焙乾方法のうち最も古いタイプで、セイロにのせたカツオをかまどの上に積み上げ、薪を燃やした熱と煙で乾燥させるものである。職人が乾燥具合を見極めながら、セイロを入れ替えたり火加減を調整したりする。ほかの焙乾方法としては、建物全体をいくつかの階層に分けて最下層で燃やした薪の煙で上層の鰹節を乾燥させる急造庫（キュウゾッコ）と、ファンを使って熱と煙を効率的に乾燥庫に送り込む焼津式乾燥庫がある。

鰹節職人はもちろんすべての工程を習うのだが、澄秀さんは慣れてきたら生切り専門になった。切り方は薩摩型（旧型）と改良型（焼津型）の両方をやった。たぶん問屋さんの指示で切り方を変えていたのではないか、薩摩型の方が美味しかったというイメージがある、という。澄秀さんは、独立してからは七キログラムを境に大きいものを薩摩型、小さいものを改良型にしている。

澄秀さんは小学生の頃、荒節の形を整える削り職人の先生が焼津から来ていたことを覚えている。教え方が上手だったらしい。松ノ下タイチさんは、焼津の先生に習った枕崎の職人で、削りが上手だった。「アイダチのところは松葉が出るように」「鰹節の背は鶴が羽を広げた形」「カーブは三日月が出るように」「ハナはパッと開くように」などと削り方を教えてくれた。

中村水産に四～五年勤めたところで先輩から「焼津に行かないか」と言われたので、昭和二十六（一九五一）年ごろに削りの仕事で焼津に行った。焼津といっても、最初二年間は用宗（現・静岡市駿河区）のヤマゴ小林という店に行った。その時、枕崎から一緒に行った四人は全員が削り職人で、自分より年配だった。ヤマゴの後は、生切り職人として一年間、焼津のサスイゲタに行って旧型を切った。

七〜八月は枕崎では漁が少ないので、澄秀さんはその頃から十一月くらいまで焼津に行った。ただし、生切りの人は五月くらいから行っていた。焼津に行っている間も、籍は中村水産にあったという。職人のこうした労働形態は、単に閑散期の出稼ぎというよりも、焼津での技術習得が枕崎でも生かされるという意味で、本来の雇用主にとっても有意義なものであったと思われる。

第5章　カツオ釣りの現場

昭和時代初期　餌入れ

1　カツオの釣り方と餌の確保

群れの探索

魚群のことを漁師言葉でナブラという。カツオ船の上ではメガネ（双眼鏡）を顔に押し付けナブラ発見に努める。カツオは餌となるイワシの群れを見つけると、ものすごい勢いで襲撃する。恐怖に駆られたイワシは団子状の大きな塊となるので、カツオはそれめがけて突っ込んでいく。この騒動で海上が波立ち、空中にはおこぼれにあずかろうと無数の海鳥が乱舞する。これをトリヤマという。トリヤマの下にはカツオがいる。トリヤマはナブラ発見の最大の手掛かりである。

いっぽう、カツオの群れは海面に漂う「何か」の下に群がっていることがある。とくに、悠々と泳ぐ鯨や巨大なジンベエザメに付くことが多い。これを鯨ツキ、サメツキという。とくに三陸沖ではサメ付きに遭遇するチャンスが多いという。ジンベエザメは水族館の人気者だが、大きな体に似合わずおとなしい魚で、カツオ船に接近しすぎて背中を船底でこすってしまうこともあり、赤い塗料をつけた個体に出合うことがある。

流木の周囲に集まる群れを木ツキといい、これも大漁につながる。御前崎の漁師の話では、とくに亀が噛んだ痕がある流木にはよく集まるそうで、これを亀の枕と呼び、縁起物として持ち帰って床の間に飾っておく家もあった。今ではこの流木に発信装置を付けて放置し、もう一度カツオが付くのを待つこともあるという。魚群探知機などのない時代、体験の積み重ねの中から実効性の高い目安が受け継がれてきたのである。

カツオの釣り方

漁船はナブラを発見するや急いで接近し、まず生きたイワシをまく。餌をまく係をアイナゲといい、中でも餌の分量を差配するホンナゲは特に重要な役だった。群れが固まってくると、今度は針にイワシを付けて釣り上げ始める。いわゆる一本釣りである。ますます興奮したカツオは、やがてイワシに似たものなら何でも食い付き始める。そこでケバリに換える。入れ食い状態になると、返しがない針を使う。空中で糸を緩めると自然に外れて、

コラム⑤

カツオドリ

トリヤマというのは、海鳥が群れをなして乱舞している状態のこと。鳥たちの目当ては海面に上がってきた小魚ですが、その小魚を下から追い上げているのがカツオたちです。トリヤマの下にはカツオの群れがいるわけです。トリヤマは、ナブラ発見の最大の手掛かりですから、漁師ははるか洋上にしっかりと目を凝らすのです。

このとき集まってくる海鳥を総称してカツオドリといいます（ただし、カツオドリという鳥も実際にいるので、ちょっとややこしいです）。よく出現するのはオオミズナギドリで、群生地がある伊豆七島の御蔵島には、こんな伝説があります。

この鳥を鰹鳥というのは、その前身がカツオであるためで、食べるとカツオの味がして全く鳥の味がしないという。島にある稲根明神に三年仕えた鰹が伊豆半島南端にある石廊《いろう》権現にお参りすると、この島にかわるのだといわれている（藤沢衛彦『伊豆の伝説』）。

オオミズナギドリは捕獲が禁じられていますが、御蔵島では古くからこの島の肉を食べるほか内臓で塩からを作ってきたため、島民にだけは特別に年間一定頭数を捕獲することが認められています。

オオミズナギドリは斜面に掘った穴をねぐらにします。そこで御蔵島の人たちは夜、鳥がねぐらに戻っている時をねらい鍬で穴を掘って鳥を捕らえます。鳥を掘りに行くなんていうちょっと不思議な光景です。島の神社にはこの様子を描いた絵馬が奉納されています。

オオミズナギドリ（東京都御蔵島）

甲板に張ったシートの上に落ち、傾斜に沿って魚槽に流れていく。猛スピードで次々と釣り上げるので、空中に複数のカツオが飛んでいたという伝説的な名人もいたという。

だが、絶対に釣り落としをしてはいけない。傷ついた仲間が出ると、サーと群れが消えてしまうからだという。この興奮状態はせいぜい二十分くらいしか続かない。ある瞬間からパタッと食わなくなるので、勝負の時間は短い。一つのナブラに何隻もが集まってしまった場合は、最初の発見船に優先権がある。また狭い範囲で互いの邪魔にならないように竿を出すことが必要なので、二番目に来た船は群れを取り囲むように最初の船の後ろにつき、一般にはトリカジすなわち左舷から竿を出す。焼津はオモカジ流しと言って右舷から釣っていたが、それでは他県船と向きが逆になってしまうので、今は他と同じように左舷で釣るようになっている。

乗組員が釣る場所は本人の技量や経験年数によっておのずと決まってきた。若い衆はオモテ（舳先）で釣り、中で最も上手な人はヘノリと呼ばれ、よく釣れるヤリダシ（先端）で釣った。次に腕の良い者がウワカワ一番、その次が二番といわれて、ヘノリの両側で釣った。いっぽう経験年数の浅い者は小僧と呼ばれ、食事の時にはカシキ（炊事）をし、釣り

図8　明治期のカツオ一本釣り
（鈴木兼平画「焼津漁業変遷絵図」）
焼津市歴史民俗資料館所蔵

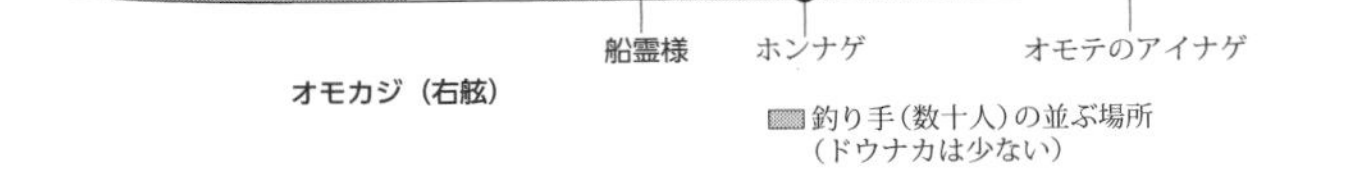

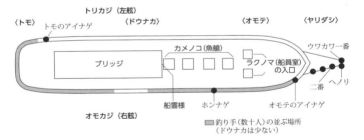

図9　昭和初期の焼津カツオ船（約100トン）における釣り手と餌投げの位置　出典：『焼津市史 漁業編』から転載

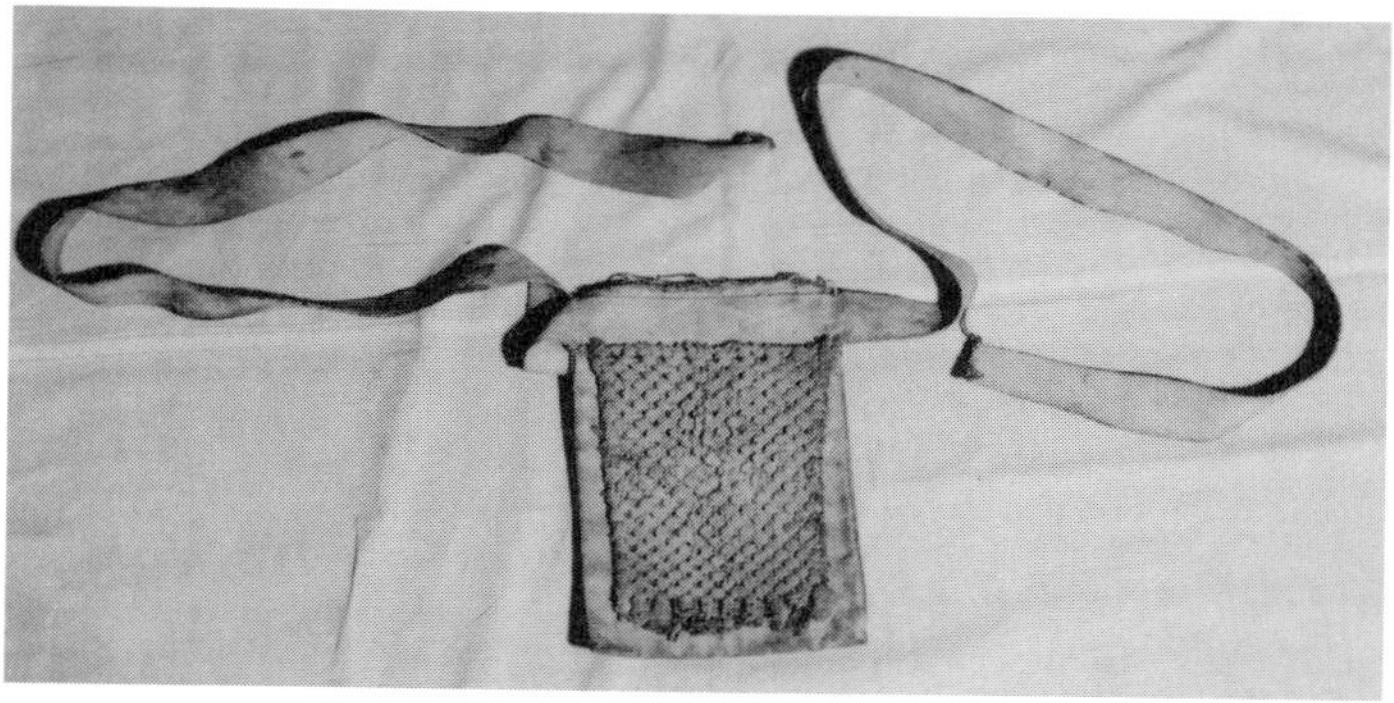

竹尻前掛け　焼津漁業協同組合所蔵

が始まるとアイナゲに餌を供給する餌運びをした。二、三年して船に慣れると、まずはドウナカという船の中央辺りの縁が低くて釣りやすい場所で釣った。ドウナカでは作業はしやすいが、数はあまり釣れない。普段はブリッジにいる船長などもドウナカで釣った。若い衆も結婚して年寄りと呼ばれるようになると、トモ（艫）で釣った。

一本釣りでは、竿の尻を内腿《うちもも》に置いて支点とするので、太い糸で編んだ竹尻（竹尻前掛け）と呼ぶ布を当てる。針に食い付いたカツオは抱え込んで針を外し、また竿をしならせて海に投げる。静岡県立焼津水産高校の実習船では、カツオに見立てた丸木を釣り上げる練習をしていた。竿を上げるとすごい勢いで丸木が自分の方に飛んでくる。これを息つく間もないほどの速さで繰り返すのである。実際の場面では、漁師は船縁《ふなばた》にびっしり並んで釣るので、隣の人の釣り針が目にかかったというような事故もあったと聞いている。この一連の動作を体操にしたのが御前崎で作られたカツオ釣り体操である。

カツオは生きたイワシしか食べない

カツオ一本釣りに絶対欠かせないのが、イワシの活餌《いきえ》である。体長五、六センチほど、目方でいえば五、六グラムほどのマイワシが好まれる。昔は出漁前に、まずイワシをとった。あるいは共同でとったイワシを港内に浮かべた大きな竹製の籠に入れておいた。生きたイワシを漁場まで運ぶのは大変だった。以前は大きな桶に入れ、常時海水を入れ替えていた。このつらい仕事は、船に乗り組み始めた少年たちの役目だった。後に、カンコといって船底に海水が自然に出入りするよう工夫されたことにより、重労働は軽減された。

しかし、漁船の動力化と大型化が進み、漁場も遠くなると、大量のイワシを自前でとることは難しい。そこで近海漁師の中には、イワシをとって生け簀《す》（巨大な竹製のびくで、イキョウと呼ばれた）に生かしておき、やってきたカツオ船に売り渡す商売を始める者が出てきた。餌イワシを供給する港を餌場、その世話をする業者を餌宿といい、伊豆半島をはじめ、太平洋岸に点在していた。

良い餌イワシを確実に確保することが漁の成否を分ける。ここで餌買《えさかい》という専門職の出番となる。多くは現役を退いた漁労長などが務め、本船の出航日に合わせて餌場に先乗りする。そしてイワシの良否を確かめて購入の約束をする。本船到着まで業者の家に泊まり込むことも多い。餌買もカツオの群れを追って移動していく。漁期の終わりころは、三陸海岸の餌場に漁船が集まる。近年は餌宿も規模が大きくなり、瀬戸内海まで行ってイワシを仕入れ、活魚として東北まで運んでくることもある。

餌買日記

見崎平三さん（明治四十二年生まれ）は、焼津漁港所属カツオ船（約二八〇トン）の餌買として、全国の餌場を飛び歩いた。見崎さんが書き残したメモから、昭和五十（一九七五）

年の活躍ぶりを見てみよう。この年、見崎さんは長崎県佐世保、伊東市宇佐美、沼津市内浦三津、千葉県館山、熊本県天草、その南側に位置する鹿児島県長島町幣串《へぐし》、横須賀市佐島に出張している（『漁業編』より）。

最初の航海に備え、見崎さんは二月三日に汽車で佐世保に向かった。現地で餌を確保して待機し、八日になって焼津から来た船に三六〇杯のイワシを積み込んだ。本船は十六日に焼津帰港、このときの水揚げはカツオ三四・五トンだった。

第二航海に備え、四月六日に宇佐美と三津で実際の餌を見ていったん焼津に戻った。本船は十二日に三津で三〇〇杯、宇佐美に回航して三三〇杯を積み込んだ。帰港は五月三日。獲物はトンボマグロ二五トン。こんな具合に第八航海が終了したのは十二月八日だった。

ここで、イワシを購入する単位となる杯というのは、バケツ一杯のことである。本船が生け簀に横付けし、小舟から網を入れて引き寄せたイワシをバケツですくい、手渡しで魚槽まで運ぶ。タモを使わないのは、イワシは魚偏に弱と書くように極めて繊細な魚で、うろこが取れるとすぐに死んでしまうため、海水とともにバケツに入れて運ぶのである。最初に餌宿の人がバケツにすくう時、「ばかに水が多いじゃないか」などと軽口が飛ぶが、

横須賀市佐島での餌イワシ積み込み作業

だからといって、イワシを入れすぎると逆に弱ってしまう。ただ多ければよいというわけではないのが面白いところである。

　もう一人、焼津市本町の斎藤幸一さん（明治三十二年生まれ）の話を紹介しよう。斎藤さんは高等小学校を出るとすぐに船に乗り、六十一歳で船を下りて餌買になった。餌買は出掛ける前に現地に必ず餌があると分かっているわけではない。現場で餌を確認し、自分の船が何日後に来るからと予約を入れる。こうして確保できると焼津に「エサモッタ」と電報を打つ。餌の代金は本船が支払うから自ら現金を持ち歩くことはない。餌場によって対応が異なり、鹿児島の餌宿は本船が来るまで待ってくれたが、沼津の内浦では、他の船が急ぎと言えば予約してあっても「お前の船は来ないから、よそに売ったぞ」と言われてしまう。これも商売だから仕方がないが餌買にはつらい話で、そういう場合は急いで他を当たる。餌の値段は餌宿が決める。バケツ一杯が昭和期で千円くらい。二五〇杯くらい買ったときに二五万円ほどになった。

餌宿の苦労

一本釣り漁船の減少に伴い、各地からカツオ船が集まってくる餌場は以前に比べて非常に限定されてしまった。鹿児島県の桜島、熊本県の天草地方、長崎県の西海町（現・西海市）、伊豆の西浦や田子、熱海市の網代、神奈川県の三浦半島、千葉県の館山、茨城県の大洗、宮城県から岩手県にかけての三陸海岸、などである。

熊本県の御所浦町横浦は天草上島から船で一〇分ほどの小島である。入り江にはフグやタイの生け簀がびっしり並んでいるが、イワシの生け簀は別の場所にまとまって設置されている。カツオ船が直接横付けするためである。捕獲したイワシは、バケツ四〇、五〇杯

大型の竹籠（長崎県西海市）

分のイワシが入る大きな竹籠にそのまま移して自宅近くの蓄養場所に運んで大型の生け簀に移す。現在の生け簀の容量は千杯くらいが目安だが、暑くなると多くは飼えない。水の通りをよくするために夏は二週間に一回、冬でも二十日間に一回は生け簀を洗う。

カツオの餌としては、二匁（八グラム弱）、長さ一〇センチくらいのものがいちばん強い（丈夫で良質）。生け簀で与える餌は、以前はそこで死んだイワシをすり身にするなどしたが今は配合飼料を使う。それに、経験に基づいて独自の混ぜものをする。生け簀の大敵は鳥で、鵜《う》に全部やられたことがあるので、ネットを張って防止に努める。それでも網の隙間から入り込む鳥がいる。

　こうした古くからの餌場に対し、近年になって急速に発展してきたのが、兵庫県飾磨《しかま》郡家島町（現・姫路市）の西島と坊勢島《ぼうぜじま》で、かつては石材の産地として知られていた。もともとこの島は瀬戸内海での釣漁やアジ・サバの旋網《まきあみ》が盛んで、カタクチイワシは煮干しやジャコにしていた。それが昭和五十年代から餌イワシを扱うようになった。旋網で捕らえたイワシを、現場まで引いていった八角形の大型の生け簀に流し込む。イワシを弱らせないよう帰りは半ノットから一ノットという超低速で移動するので、遠い場合には三日もかかる。戻ってからは生け簀のイワシに独自の配合飼料を与え、船に積み込む十日前になると船上で与える市販の餌に変える。

餌宿の条件

　餌場の立地条件は、近くでイワシがとれること、静かな内水面で、さらにカツオ船が直接生け簀に付けられるように一定の水深があることだ。全国の餌場がリアス式の海岸に沿って発達したのはそのためで、伊豆半島では地形を生かしてほとんどの港に生け簀が設けられた。カツオ船は群れを追って移動していくので、例えば伊豆半島では四、五月ごろがいちばん繁盛する。しかし現在では活魚を運搬する技術も進んだので餌宿は漁場に近い港に餌を運んで便宜を図るようになっている。いっぽうカツオ一本釣り漁船は減少を続けており、焼津からはとうとう近海カツオ一本釣り漁船が消え、静岡県内では御前崎港所属の一隻になってしまった。遠洋では旋網によるカツオの大量漁獲が一般的になり、小規模経営の船主は経営が苦しい。近海でのカツオ漁には曳き縄といって、船の両舷に長い竿を出し、そこに疑似餌を結んだ釣り糸を付けて航行しながらカツオを釣るという漁法もある。

現在はカツオ船の数と餌場の数とがうまくバランスを保っているように見える。中型カツオ船はカツオの鮮度で勝負をかけ、航海数を増やして水揚げ増加を図る。揚げ出しといって、水揚げと並行して燃料を積み込み、必要物資を補給して直ちに出航していくことも多い。このような時、求めに即応できる体制が餌宿に求められる。餌宿にはそれに耐える資金力が必要で、三陸を中心とする餌宿の寡占化は、水揚げ港として全国一を誇る気仙沼を控えて当然の成り行きではないかと思われる。

餌宿訪問記

三浦半島の西側、すなわち相模湾に面した佐島は、古くから静岡県船に親しまれた餌場の一つで、現在、不動丸と金比羅丸という網元がある。金比羅丸の事務所は鉄筋三階建て。一階に事務室と食堂があってかなりの人数が一度に食事を取ることができる。配膳口からのぞくと奥さんが昼食を作っている最中で、間もなくジャージ姿の年配男性が集まってきて食事が始まった。この日は六人、三重県と高知県それに御前崎から来ている餌買で、ここに泊まり込んで自分の船が来るのを待っているのである。

それから半年後、宮城県の餌場に行き、事務所で三陸の餌事情について話を伺った。このお宅も事務所の前、通りを挟んだ所に餌買宿泊用の二階屋を持っている。そこに泊まり込んでいる餌買の一人が事務所にやってきた。餌買の苦労話を伺おうと挨拶をしたのだが、何となく見たことがある。向こうも気が付いて、「そうだ、佐島で会ったよね」ということになった。餌場から餌場へと、餌買の仕事は旅の連続である。場合によっては一カ所に数カ月も滞在して餌を確保することもある。餌買の日常と餌宿との関係を沼津市西浦の餌宿、菊地さんの家の例で見てみよう。

伊豆七島のカツオは四月から五月のまさに初鰹の季節に盛漁期となる。以前は日本全国の船が焼津を拠点に活動し近くの餌場に集まった。蓄養中のイワシがない時には漁獲があるまでここに何十パイ（隻）もカツオ船が待っていた。餌買の中には半年以上も当家の二階（十畳間三室、八畳間一室）に泊まり込んでいる人もあった。土佐から来ていた人は一年中ここに泊まっていてお盆も何もなく、季節ごとの衣替えもここでしたほどだった。三度の食事の世話は餌宿の主婦の仕事である。最低一週間から十日は滞在するので毎日の献立が大変だった。餌漁組合で決めた値段があるのでそれに従うがアシが出る。菊地さんの奥さんは嫁に来たばかりで早速三度の食事を作ることになった。時には急に来る人もあるので慣れるまでが大変だった。それに土佐や宮崎の人は言葉が分からなくて最初は困ったという。

餌買は家族と一緒に食べることも多い。その時の餌買同士の話には漁の仕方、漁場、他の餌場の善し悪しなど餌場の情報の他にいろいろな噂も聞かれる。「食事もショウバイのうちだな」と菊地さんは思ったという。餌宿によっては生け簀に行って番をしていなければいけないということもあるが、餌買には日中も仕事はほとんどない。そこで掃除をしたり女衆の手伝いをしたりしていく人もある。餌宿では、活餌の絶対量が少ないときは船の入港日とかいろいろな条件を組み合わせてイワシを配分するのだが、イワシ漁そのものが変動するので確約できないのが餌宿のつらいところである。

餌宿の子どもたちは、親しくなった餌買と一緒の布団に入ることもあった。宿泊者が多いときは何十人にもなり寝る所がなく子どもたちを押し入れに寝かせたこともある。朝の早い時間から二階から煙管の音がポンポンしたものだった。朝食は六時ごろで、後片付けが子どもの役目である。片付けないと自分たちが食べる場所がない。洗濯したり繕い物をしたりしてやった。便所掃除は夜しかできなかった。風呂も午前中に洗う。台風が来て本船が停泊していると船方も船を下りてきて一緒に泊まった。焼酎にかんをつけて笑われたり、土佐の衆が亀と鍋を持ち込んで宴会し、余ったのを二階に持ち込んで食べながら花札をやったりしていたこともあった。餌買の子ども、つまり二代目が餌買になって来たということもある。電話がかかったとき、昔の人たちなら「何何丸さん」と声で分かる。今でも年賀状のやりとりをしている。無事に餌を積み終えて出航するとき、餌宿では御神酒二升に「祈　大漁　○○屋」という熨斗紙《のしがみ》をつけて贈る。

2　カツオ漁の乗組組織

一族で船を支える「船中」

カツオ釣りでは基本的に一人一本の竿を持ち、短時間で一斉に釣るので、漁師の数が一人でも多いほど、より多くのカツオを釣り上げることができる。小さな木造船の時代にも、できるだけ多くの船方《ふなかた》（乗組員）を乗せ、ナブラに出合ったら舵取り以外は全員総出で釣った。一本釣りでは船方を確保することが何よりも重要なのである。焼津でのカツオ船員確保の方法をいくつか見ていこう。

江戸時代後期、焼津の海沿いの三つの集落、城之腰、鰯ヶ島、北新田（今の北浜通）に、漁猟鑑札が九枚ずつ発給された。カツオ漁は鑑札を持つ二七隻だけに許されるようになったのだが、実は鑑札の発給は三カ村側が求めたものだった。この頃にカツオ船が増えて乗組員や餌の確保が難しくなってきたためかもしれない。その後には、船元（船主）たちの間で、三月から九月（旧暦）まではカツオ漁以外の漁業を制限し、船方が足りない場合には互いに融通して引き抜きはしないよう申し合わせている。漁期中はカツオ漁が最優先だった。

同じ申し合わせの中では、船方に世襲で同じ船に乗ることも義務付けていて、勝手にほかの船に乗り換えることは禁じられていた。親子や兄弟など親戚一同で一つの船を支えていたのである。このことを「一船一家」とか「イットー（一統）で同じ船に乗る」などと言っていた。焼津ではカツオ漁を基盤とした船元と船方の乗組組織を「船中《せんちゅう》」と呼んだが、船中は単なる漁撈組織にとどまらないイットーの強い結び付きを持っていた。明治時代中頃からは、船が大型化して船元だけでは建造資金が賄いきれなくなったため、船元とともに船方も新造船に出資して船株を持つようになった。船株を持つことで、船方にとっても「自分の船」という意識がますます強くなったことだろう。共同出資の結果、船元としても船方を確実につなぎ止められることになった。ただし、万一カツオ船が遭難すると、イッ

コラム⑥

遭難と絵馬

荒海での操業に危険は付きものです。沖合で台風などに遭遇して危機に陥った時には、かねて信仰する神仏に必死に祈りました。無事生還できると、神様に感謝を込めて絵馬を奉納しました。吉田町の住吉神社に明治二十七（一八九四）年に奉納された絵馬には、右上に神様を象徴する幣束《へいそく》が描かれています。

海にゆかりのある神社にはこれに類した絵馬が数多く見られ、中でも江戸時代のものには、ざんばら髪で必死に祈る乗組員が描かれた例がたくさんあります。いよいよ危ないというときには、ちょんまげを切ってお供えし、最後の祈りをささげたからです。ちなみに日露戦争に出征し無事に帰還できた兵士が氏神様に感謝の念をこめて奉納した絵馬にも、神様を表す幣束が描かれた例があります。

遭難を免れた感謝を込めて奉納された絵馬
雲の上の幣束は神様を表す　住吉神社所蔵

焼津市東小川の海蔵寺は本尊が海からあがったという由緒があり、「小川のお地蔵さん」と呼ばれ、海上安全、川除けの守護神として広く信仰されました。本堂に掲げられている「甚助の板子」は、甚助の乗った船（カツオ船ではないが）が遭難した時、漂う船材にすがり一心に海蔵寺の地蔵菩薩を念じたおかげで九死に一生を得たお礼に奉納したものです。小泉八雲の有名な作品『遭難』のモデルがこの甚助です。

トーの働き盛りの男たちを一度に失うことになった。焼津市内の墓地にいくつか残る遭難碑には、同じ姓の者が多く刻まれている。

コガイの漁師

明治二十七（一八九四）年に刊行された『県水産誌』に、城之腰のカツオ釣り漁船では乗組員の子ども（男子）にもわずかながら利益配分のあったことが記されている。その子が成長したら父親が乗り組む船の漁師となることが約束されていたからである。男子がない家の場合には、将来の入り婿養子が乗船することを見込んで長女が分配を受けた。このように幼少期から分配を受けて育てられた漁師をコガイ（子飼い）といった。

北浜通のカツオ船、東洋丸では、大正末期から戦前まで、子どもへの利益配分を「小供帳」・「小供当り配り帳」に記録していた。「当り」というのは配分利益のことである。それを見ると、例えば「大作一四」とか「利吉女一〇」などと、子どもや親の名前、または屋号などの下に年齢が記されている。昭和二（一九二七）年七月の例でいうと、十四歳以

子どもへの配分記録「小供帳」　個人蔵

下の子ども五六人で大人二人半分を分けており、十四歳は二分、十三歳は一分五厘というように、年齢に応じて分け前も異なっていた。

　カツオ船が大型化した大正時代、不足した船方を補うために漁期中だけ三陸や千葉辺りから出稼ぎに来る漁師もいたが、コガイになるのはトコロ（地元）の人だけだった。少し大きくなってくると、コガイの子どもたちにも仕事があった。父親の船の水揚げがある朝は、海岸に並べられたカツオの鮮度が落ちないように、競りが始まるまでカツオに海水を掛けるのである。それぞれがバケツを持って行って水掛けをし、帰りには魚を一本ずつもらった。小さな子どもも、おもちゃのバケツを持ってきてはカツオを一本もらっていったので、年長の子どもから文句が出たこともあった。学校では「水掛けに行ってきました」と言えば、遅刻にならなかった。また、東洋丸では、春のお節句の時に船元が米を一升ずつ船方に配っていた。年末にはお歳暮も配った。それらを持って行くのは船元の子どもの役割だったという。いっぽう、正月の船祝いや六月の伊勢日待ち、八月の荒祭り（焼津神社例大祭）に開かれる宴会には、コガイの子たちも船元宅に招かれてご馳走になった。このような共同作業や年中行事への参加を通じて、子どもたちは仲間意識を育み、学校を卒業すると自然に父親と同じ船に乗った。

「コガイで自由を奪われた気はしなかった。その船に乗るのは流れでもって自然に乗った。当時、親が漁師で子どもが漁師にならないということはなかった」（大正十年生まれ、鷲野喜作さん）

「コガイの漁師だからといって船の中ではほかの漁師との区別はなかったが、少し優越感があった」（大正十五年生まれ、秋山英次さん）

実際にコガイとして育った人たちの言葉である。自由に職業選択ができる現代と比べると、コガイの慣習は、乗組員を確保するために分け前を与えて船方の子の進路を拘束したり、強制的に主従関係を結ばせたりするもののようにも見えるが、経験者たちはそれほど否定的に捉えていない。というのも、焼津の船元と船方の関係には、他の地方に見られるような大きな格差が無く、対等に近かったようなのである。東洋丸の船元だった北原吉右衛門さん（大正十二年生まれ）が船に乗ったばかりの頃、ほかの子たちと一緒に休んでいたら、年配の船方から「俺っちはわりゃあ（お前の）親父の船のために一生懸命やってるに（遊んでいるな）」と言われ、休むこともできなかったという。船元の息子だからと優遇されるどころではなかったらしい。

子どもへのシロワケは、乗組員確保を目的として、御前崎（静岡県）や三輪崎（和歌山県）、坊泊、枕崎、屋久島（以上は鹿児島県）などでも行われていた。しかし、いずれも明治期など比較的早く廃れてしまったのに対し、焼津では太平洋戦争前後まで続いたことが大きな特徴であろう。同族と地縁、さらには船株によって強く結ばれた船中という乗組組織があった焼津では、それが地域共同体的な性格を持って子どもたちを一人前の船方に養成していた。このように強固な結び付きがあったからこそ、戦争で漁業が壊滅的なダメージを受けるまでコガイの慣習が続いたと思われる。

本船方と夏船方

焼津で天当船《てんとうせん》ともいわれた小型船は、カツオ一本釣りに欠かせない餌イワシをとる重要な役割を持っていた。餌をとるのはカツオ船を引退した老人や中年の漁師が多く、自分たちも余りの餌イワシを持ってカツオやウズワ、シイラなどを近海で釣った。天当船はカツオ船の船元が所有する以外に、天当船だけを経営する船元もあり、冬にはマグロ延縄《はえなわ》漁やサバ釣り漁などを行い、夏になると自分の船の船方を引き連れて、大きなカツオ船に乗り組んだ。明治中期のカツオ船久次郎船では、カツオ漁を「大漁《おおりょう》」、それ以外を「小漁《こりょう》」と呼んでおり、「大漁」の久次郎船乗組員は、小漁期間には文吉舟、吉三舟、彦右衛門舟、久次郎船（＝船元）に分かれていたという記録がある。

また、カツオ船東洋丸の船元、北原さん（屋号ジョウサン）は、夏だけのカツオ船乗組員を「夏船方《ナツブナカタ》」、通年で東洋丸ないし上三舟《じょうさんぶね》に乗る船員を「本船方《ホンブナカタ》」と呼んで区分していた。

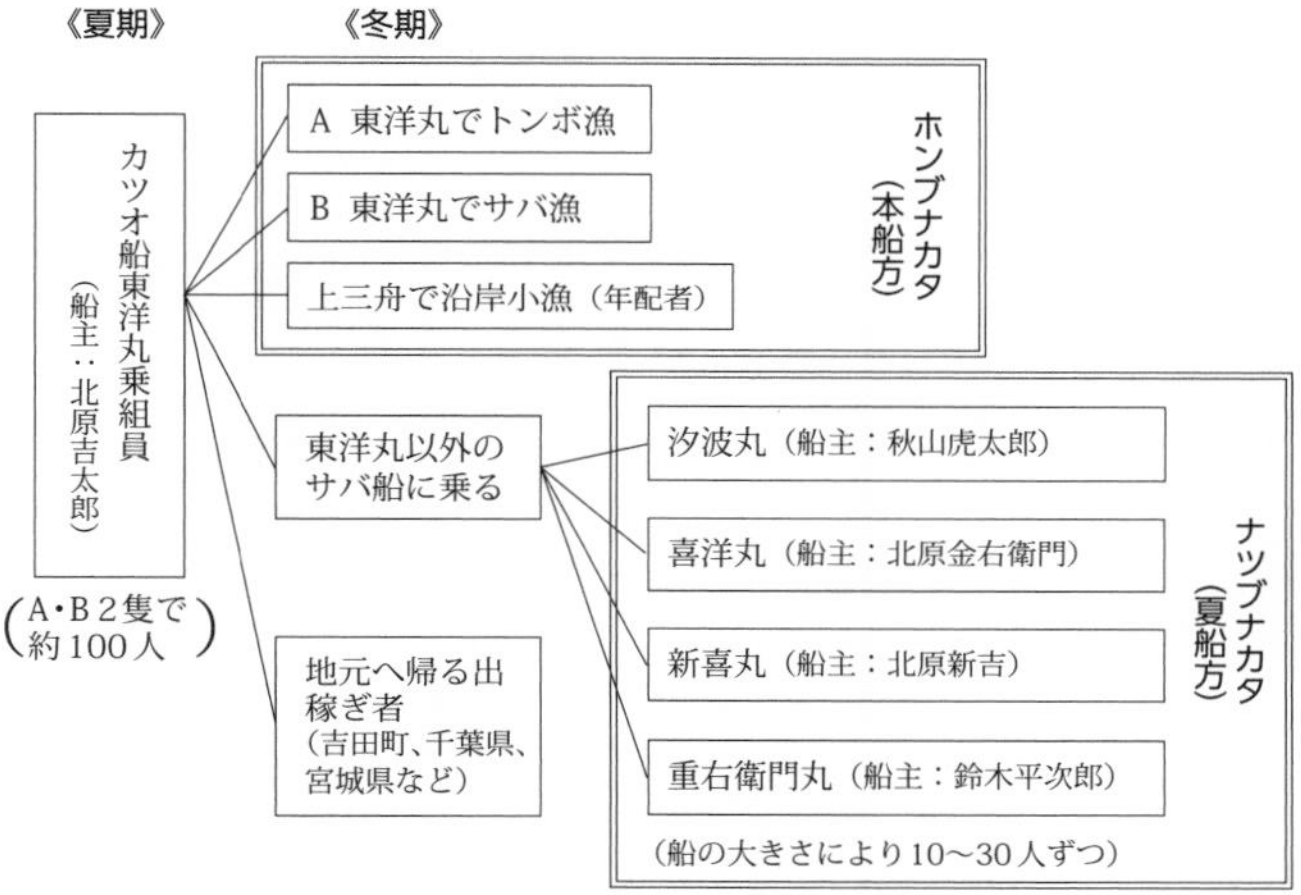

図10　昭和11年頃の焼津カツオ船東洋丸の乗組員構成
北原吉右衛門氏からの聞き取りにより作成

昭和十一（一九三六）年ごろ、二隻の東洋丸の船方約一〇〇人は、冬は図10のように分かれていたという。大正中期にマグロの豊漁があってから、カツオマグロを兼業して周年操業する船が増えてサバ船との分離が進んだので、この当時の夏船方の冬漁はサバ漁が中心だったらしい。その後、サバ漁も周年操業するようになって夏漁、冬漁の漁期区分は無くなり、旧来の夏船方は姿を消して、戦後の季節雇用は市外からの出稼ぎ漁師が大半を占めるようになった。

乗組組織の変化

焼津ではカツオ漁の優先や引き抜きの禁止、一族での乗船、子どもへの分配など、カツオ漁の船方確保にさまざまな努力が重ねられてきた。船方も船株を持つ漁船共有関係も、結果的に船方確保に一役買っていた。ところが、明治末期以来、漁船を船中と共有していた船主法人、(東)《マルトウ》と(生)《マルセイ》は、昭和十八（一九四三）年に企業整備令によって合併して昭和漁業株式会社となり、その後、(東)からは造船部が、(生)からは信用部がそれぞれ独立した（後者は戦後に焼津信用金庫となる）。昭和漁業は九二隻のうち五五隻を徴用で喪失したが、戦後は新船建造に努めた。しかし、主な出資者だった地主層が農地改革によって後退したことや、インフレで水産加工業者が経営不安に陥っていたことなどもあり、大型化や設備の近代化が進んだ新造船の建造費用には次第に対応しきれなくなった。共有のバランスが崩れ始めると、昭和漁業を離脱して独立する船元が増え、昭和三十八（一九六三）年で共有関係は終わった。

同じ頃、高学歴化や合理化が進んで、血縁・地縁と船株によって結び付いていた船中組織も解体した。漁獲の分配方法も、漁船員の生活費や航海経費などを積算して割合を決めていたシロワケ制から、あらかじめ決めた百分比で漁業益金を分配する方式となっていった。勘定はカツオ漁の漁期ごとではなく、カツオ船、カツオ船のマグロ漁、マグロ専業船など、漁業形態や乗組員数の違いに応じた配分となった。焼津ではコガイの子どもにだけでなく、船を下りた年配者に対してもシロワケがされていたが、これらも廃止され、船主取り分の増加や職階ごとの増歩制が行われるようになり、従来の共同体は失われて近代的な労資関係が形成された。

3　カツオ漁業を支えた出稼ぎ労働力

千葉から来た出稼ぎ漁師

千葉県千倉町《ちくら》（現・南房総市）は房総半島の先端近くの東岸にある漁村である。鰹節の製法を伝えたという土佐の与市がいた所で、一四、五トンぐらいの船で近海のサバ、サンマなどをとる小規模な漁が中心だった。明治四十一(一九〇八)年生まれの小高庄之助さんの若い頃は、腕のいい若い漁師は、先輩に誘われて焼津に出稼ぎに行った。小高さんが最初に乗った鈴兵丸(七五トン)は、当時としては大きな船だったので、よその港に入るとみんな見にきたほどだった。一艘に五〇人ほどが乗り組んだが、その中に千倉の人が四、五人いた。この船に三年間乗ってから金宝丸に乗った。焼津ではたまたま昭和天皇の行幸(昭和五年五月三十日)にめぐり合わせた。浜でカツオを運ぶ作業をしていて、下から見上げてはいけないといわれたが、ハシケの上からは見えたのを覚えている。

焼津の船元、東洋丸に『東洋丸雇人月給支払帳』という冊子が残っている。始まりは大正十五(一九二六)年。ちょうどその頃から焼津では漁船の大型化が進み、他県からの出稼ぎを必要とする状況が発生していた。冊子冒頭には年次が不明だが、畠山三四郎以下一六人が一月から十月まで滞在して各人に二九〇円内外の金を支給したと記載されている。全員が旅費三〇円とあるからおそらく同郷の者たちで、しかも姓からみて三陸方面からやってきたと思われる。昭和六(一九三一)年からは年次が記載されていて、この年は四月に宮城県から七人、八月に千葉県から三人が来ている。中には四月二日から三期に分けて十二月まで働いた者もいる。

焼津におけるこの頃の漁期は、昭和四年三月の改正によって①春漁三月五日〜四月四日、②夏漁四月五日〜八月十二日、③秋漁八月十九日〜九月十四日、④冬漁九月十五日〜三月四日と定められ、焼津神社大祭の八月十二日から十八日を一斉休漁期間とした。しかし昭和九（一九三四）年には②の夏漁の期間を五月五日〜九月十四日と、昭和四年改正以前に戻している（『漁業史』）。東洋丸の冊子に見える雇用期間の区切りはこうした取り決めに対応したものである。

この冊子に、偶然にも小高さんの名前を見つけた。昭和七年四月一日の項で小西徳次郎ら合わせて六人の中の一人である。そして昭和十一年五月三日に五人でやって来たのが最後になっている。小高さんによれば、焼津行きが決まると出発前に前金をもらう。千倉から東京まで汽車で出て浅草辺りで夕方まで遊び夜汽車で焼津に着く。乗る予定の船が漁場から戻ってくるまで船元の家の二階などに寝泊まりして数日間待機した。一緒に乗り組んだ田中古十という人は二歳くらい上で川尻（吉田町）の人だった。房州の人は月給制、土地の人はシロワケ。前払い金と月給を合わせて給与となる。大漁の時はマイワイといって反物とお金をもらったこともある。八月の焼津祭りの時にはお盆の休みとして家に帰った。

焼津の船は出航すると一斗樽をあける。小高さんは酒が飲めなかったが、焼津の人は十八歳でゲンブク祝いをしてみんな酒を飲む。二十歳になると煙草入れをさげ刻み煙草を煙管で吸っていた。焼津はオモカジ流し。他の船はトリカジ流し。そのせいか小高さんはどんな大波でもオモカジ流しなら腰がピタッと決まって平気だがトリカジ流しとなると苦手であった。カツオの心臓はホシゴといった。船上で飯を食う暇がないとき、漁の帰途にカツオのエラに手を突っ込んでホシゴだけをつかんで取り出し、海水で洗って食べてしまうこともあった。船が停泊中、房州人はオカにはあまり行かず、もっぱら船番を務めたが、新しい銭湯ができたからと、ハシケで往復して行ったこともある。弁天の辺りはせいぜい数軒の家がある程度だった。上陸して浜の砂の上に寝てしまい夜が明けてびっくりした人もいたという。小高さんは焼津の出稼ぎをやめてからは千倉の船に乗り、後に役場の職員になり、最後は収入役まで務めた。

出稼ぎ斡旋人

小高さんのような人を何人か集め自分も一緒の船に乗るという世話人があちこちにいた。東洋丸には小西徳次郎、通称トクさんがいて、この人も東洋丸の帳簿に出ている。トクさんは小高さんよりは十四、五歳年上で、「焼津に行くべさ」と言って人を誘ったのである。雇われた人は、人によって月給（固定給）だったり、ヌケシロ（最低保障だけの歩合制）だったりする。ヌケシロの場合、儲かればたくさんもらえるが、その最低金額だけの時もあった。カツオ船に出稼ぎに行くのはカツオ釣りが上手な人で、四十歳ごろまでだった。

小高さんが働いた焼津の東洋丸の経営者、北原吉右衛門さんは、子ども時代に千倉から乗組員を雇っていたことを記憶している。北原さんは戦後に一度だけトクさんに会ったことがある。昭和二十二（一九四七）年、北原さんが船長時代に大室ダシ（伊東沖）でサバ漁の最中にエンジンが故障して漂流し、たまたま千倉に入港した。すると焼津の船が来たぞといって歓迎されたのだが、その時に小西さんに再会したのだった。

三陸からの出稼ぎ

いわゆる三陸地方は大小の入り江が入り組んだリアス式海岸で、天然の良港である石巻から車で一時間ほど北上すると志津川漁港に着く。東洋丸の帳面には、宮城県本吉郡志津川町、同小泉村今朝磯、同階上村《はしかみむら》明戸の漁師の名が見える。年次の記載がない中にも姓から判断すると東北出身者が大勢いたようだ。

佐藤泰作は、東洋丸の「雇人月給支払」の昭和九年に登場する志津川町（現・南三陸町）の人で荒砥《あらと》という小さな漁港に住んでいた。この辺りではカツオ漁を行う船はなく、有力者が経営するサメ網などに雇われる程度だった。そこで仕事を求めて外に行く人が増えた。暖かい所で生活したいという気持ちもあった。こんな歌があったという。

色のかずふね辛苦の流し　みさまやつしの涙船

かずふねとは、鰹船のことで、流しとは鮭鱒の流し網を指す。後者は大変な重労働でいとしいあの人もすっかりやつれてしまうという嘆き節。カツオ船をうらやむ気持ちを表した歌だという。妻も泰作と結婚後は焼津に来て水産加工工場で働いた。やがて荒砥に戻り泰作は北洋漁業に行ったが、冬の過酷な作業で体を壊し三十五歳で亡くなった。

気仙沼の南にあたる階上（現・気仙沼市）、志津川町、宇田川町（石巻市）などの海岸部には周辺の農村から移住した漁家や婿にきたという人が多い。半農半漁の村に漁業とは全く関係なかった農村からの分家や入り婿が来て漁業にも従っていたのであり、焼津に出稼ぎに来た人々の多くもよく似た背景を持っていた。

住吉屋にいた人々

東洋丸の北原家の戦前の屋敷内には、住吉屋と呼ばれた二間だけの建物があった。いつも住吉（吉田町）出身の船員がいたことがその名の由来である。住吉は大井川西岸の河口部にあり、氏神の住吉神社には焼津の船主が奉納した額がある。北原家では食事と風呂を用意したので、彼らは家族同然だった。船元に配分されるフナモトシロという二シロで、居ついている人たちの食事代を賄った。住吉は焼津の船員の供給地であり、親子三代も続

東洋丸の「住吉屋」　焼津市歴史民俗資料館提供

いて親戚以上の付き合いをしている例も少なくなかった。大正十二（一九二三）年の『漁村調査報告（駿州及遠州之部）』によると、吉田村吉田（現・吉田町）からは、「夏時焼津鰹漁船に六十人各期鮪漁船に三、四十人位乗船す」とある。

このように戦前から焼津の船には住吉や川尻（吉田町）の衆が乗っていて、三十人乗りの船の半分は住吉出身ということもあった。大村秀男さん（昭和十四年生まれ）の父親は焼津船に乗って徴用され戦死したので、あちこちの寺の供養碑を探し歩いたが、その時見た石碑に刻まれている人名の半分くらいが住吉の人だったという。

住吉の人が焼津船に乗るようになったのは、住吉にも四、五隻カツオ船があってそれらが焼津に入港したときに船員の紹介を頼まれたのが始まりのようである。同じ船に乗る者はやはり親子とか兄弟など血縁関係が多かった。ただし浜当目の船は土地の衆だけでがっちり固めていたという感じがした。

落合隆生さん（昭和二十年生まれ）は焼津南漁方《みなみりょうかた》の松生丸にまだ中学の卒業式前から乗った。餌運び、料理の下ごしらえなどが仕事だった。餌を運ぶ途中でイワシをこぼしたら、小僧らの命より餌のほうが大切だと、ひどく叱られた。一船に五三人も乗っていて眠る場所もなくジャガイモの上で寝た。耐えきれずに友人と逃げ出し焼津駅のベンチに座っていたら、一人が泣き出して駅員に気付かれ、訳を聞かれた。船名を言ったら駅員が自転車で知らせに行き、船から連れ戻しにきた。船内には若衆頭がいて非常にいばっていて、陸上の若者組と似た雰囲気があった。

このように、吉田町、旧大井川町などの農家の子弟が大勢漁船員になっている。とくに吉田町の農家の次男、三男が多く、マグロの景気が良かった頃には「嫁に行くなら焼津の漁師のところに行け」と言われたくらいで、ずいぶん羨ましがられたものだった。焼津の

コラム⑦

山村で珍重されたカツオ加工品

静岡市葵区の井川地区は、大井川の最上流部に位置し、かつて駿府の町との往復には標高千メートルの大日峠を越えなければなりませんでした。ここには戦国時代から続く海野氏という有力者がおり、その子孫である海野孝三郎は、明治になって清水港からのお茶の輸出実現に大きな役割を果たしました。この孝三郎の父、信茂が江戸時代の終わりころにつけていた日記に、山村の暮らしや駿府の人びととの交流が詳しく書かれています。

信茂はウナギ捕りが大好きで、おそらく置き針などをしたのでしょうが、山椒の樹皮を水中でたたいて麻痺して浮いてくる魚をとる毒流しもやっています。でも、こうした身近なヤマの魚とは違い、年に一、二回、ウミの魚それもカツオを入手した記事があります。

例えば、嘉永五（一八五二）年九月に駿府の有力商人難波屋から塩松魚《かつお》と酢漬けが、年末にはやはり駿府草深町から塩松魚一本が送られてきました。安政三（一八五六）年四月二十日には鰹節四本（二百八十匁）を難波屋から購入しています。ちょうど製茶作業の真っ最中でした。同年七月の地蔵盆には松魚煎付《いりつけ》壱重とウヅワ二十本を購入、安政五年五月の茶摘み時には駿府の知人から松魚節五本を土産にもらっています。また翌年八月、駿府滞在中の信茂は、井川に送るため松魚一本を三百五十文で購入し糀漬《こうじづ》けにしたとあります。

この日記を見ていて興味深いのは、カツオが山村への贈答品として珍重されていたことで、もちろん鮮魚として持ち込むことは不可能ですから、いろんな加工法がでてきます。松魚節のほかに、塩や酢、糀に漬けるなど、なかなか多様です。

もうひとつ、何回かはお茶の季節に重なっているという点に注目したいと思います。井川の人にとってお茶は大切な収入源ですから、お茶の出来がよいこと、ひいては高値で売れることを期待し、奮発して鰹節を食べたのではないでしょうか。田植えとカツオとは深い関係がありましたから、米がほとんどとれない焼き畑の村にとって、お茶がそれに代わる位置を占めたのかもしれません。食べ方を勝手に想像すれば、汁物のだしをとってから、そのだし殻も食べたでしょうし、削って稗飯や粟飯にかけたのかもしれません。

港は吉田の人がつくったといわれるくらい焼津には貢献した。落合さんはそう話してくれた。

焼津にとっては周辺の農村部があってこそ労働力が確保でき漁業を維持できた。つまり農村の余剰人口が漁業を支えたともいえる。西伊豆の漁師の中には遠州の田園地帯から口減らしのためにもらわれてきたという人も少なくなかった。漁業は根っからの漁民だけでなく、農村出身者、つまりは素人（もちろん習熟すれば一人前の漁師である）が支えていた面があった。

第6章　戦争と焼津水産業

昭和時代初期　ソーフ島のカツオ釣り

1　不況と戦争の影響

漁船の発達と漁場拡大

明治末期から大正期にかけて、動力漁船による漁場の拡大が進んだ。それを受けて鰹節産業も技術を向上させ、生産量を増加させるための努力を惜しまなかった。漁師も鰹節職人も忙しく働き、焼津の町は活気にあふれていた。表紙カバーに使わせていただいた佐藤道外『明治大正焼津街並往来絵図』には、浜での水揚げの様子や魚を担いで浜通りを走る魚商人など、当時のにぎわいが描かれている。

しかし、第一次世界大戦中の好景気が収まり、昭和二（一九二七）年に昭和金融恐慌が起こると、魚価が急落し、大正中ごろにカツオ一匹二円程度だったものが、昭和四（一九二九）年にはわずか八〇銭になった。さらに翌年には一匹が何と一五銭の安値を付けられる事態となった。それまで一航海カツオ三千〜四千匹で豊漁とされたのに、六千〜七千匹でようやく収支が合ったという。歩合制が中心の漁師の収入も激減した。

そこでその損失を補うために船の鋼船化・大型化をさらに推し進め、より遠くの漁場を目指した。ディーゼル機関も導入し、無線機器や航海計器などの船内設備も調えて、漁場は鹿児島から三陸沖にかけての日本沿岸海域のほか、南方はマリアナ諸島、フィリピン近海、台湾近海にまで広がった。加えて、春から夏にかけて行われるカツオ漁の裏作として、秋のサバ漁や冬のマグロ延縄《はえなわ》漁も兼業するようになった。

しかし、大きな船を造れば高額になるし、遠くまで出漁すれば経費もかかる。次第に船主法人（㊍、㊤）の経営は圧迫されていった。そして日中戦争が始まると燃油や鋼材も統制を受けるようになり、ついには漁船の軍事徴用も始まって、戦場に漁船と若い労働力を奪われてしまったのである。

徴用漁船の悲劇

大陸での戦争が続く中で昭和十二（一九三七）年、陸軍徴用命令によって一二トン内外の漁船の徴用が始まった。静岡県内に割り当てられたのは三〇隻で、そのうち焼津ではサ

徴用船　第二宝松丸
昭和19年1月23日、航空攻撃を受け沈没　近藤梅夫氏所蔵

バ漁船（木造）一四隻が該当し、そこから船主の希望や抽選によって四隻が選ばれた。これらの船は主として物資輸送に当たった。

翌昭和十三（一九三八）年四月には、国家総動員法が制定され、戦争遂行のためにすべての物的・人的資源を国家の統制の下に置くことができるようになった。これ以後、カツオ漁を支えてきた鋼船（一〇〇トン内外のカツオ船）が海軍に徴用されるようになり、太平洋上の一線に配置されて監視業務に当たった。ほとんど丸腰の漁船は敵機の前には無力であり、数多くの犠牲者を出すことになった。昭和十三年から終戦までの徴用船は『漁業史』によれば八五隻に及び、そのうち中途で解除・売却されたものや詳細不明などの一八隻と無事に帰還できたもの一三隻を除くと、実に五八隻（六八パーセント）が犠牲となっており多くの乗組員が戦死した。その場所のほとんどは南洋であったが、中には色丹島や北千島で沈没した船もあった。戦争によって焼津漁業は壊滅に近い打撃を受けたのだった。

平成二十二（二〇一〇）年八月十日に放映されたＮＨＫ番組「漁師は戦場に消えた」は、徴用船や後述する皇道産業焼津践団の生存者からの貴重な証言が収録されており、ＮＨＫ戦争証言アーカイブスで見ることができる。

2　南洋への進出

南洋節の誕生

いっぽう、昭和初期に南洋に進出して鰹節製造を行った人々がいる。南洋水産企業組合、後の南興水産である。その製品を総称して南洋節といった。

当時、南進という言葉は国民の夢をかき立てた。南進は国家戦略であった。それに拍車を掛けたのが、第一次世界大戦後の大正十一（一九二二）年に旧ドイツ領の一部で赤道の北側に位置する南洋諸島が日本の委任統治領となったことである。そこはフィリピン（当時はアメリカの植民地）の東に位置し、南洋と呼ばれた。マリアナ、トラックなどが旧日本軍の拠点となり第二次世界大戦中の激戦地として知られる。日本はこの地域の開拓のために南洋庁を置き、国策会社を設立して島々の開拓と産業振興を図り、一時は在留日本人が現地住民よりも多くなり十万人を超えたという。昭和五（一九三〇）年にレコードが発売され大ヒットとなった「酋長の娘」（作詞作曲・石田《いしだ》一松《いちまつ》）には、赤道直下、マーシャル群島、ヤシの木陰、などの語がちりばめられ、当時の日本人の南方イメージをよく示している。

昭和恐慌で深刻な不況に陥った日本国内では、魚価同様、鰹節価格も低迷した。そこで、豊富な資源量と低価格で製造が可能な南洋でカツオをとって鰹節を作ろうと、昭和六（一九三一）年に庵原市蔵（焼津町の実業家）を組合長として南洋水産企業組合が結成され、パラオが拠点とされた。カツオ漁の活餌の入手やサンゴ礁での航行など、内地との違いに苦労もあったが、すでにサイパンで製糖事業に成功していた南洋興発社長の松江春次（福島県出身）の支援も受けて製氷工場と鰹節工場を建設した。南洋節の生産が軌道に乗ると、東京神田に内地販売拠点を設け、鰹節相場が値崩れを起こすほど大量の南洋節を内地へ送った。職人や資材の多くは焼津から調達したので、南洋でも品質の良い製品を作ることができたのである。南洋水産企業組合は南洋興発水産部、さらに南興水産と名前を変えながら事業を次第に拡大し、サイパン島、ポナペ島（現・ポンペイ島）、パラオ諸島のマラカル島、トラック諸島（現・チューク諸島）の夏島などで鰹節製造を行った。

太平洋戦争の開始により日本軍がフィリピン・インドネシアを占領すると、南洋の範囲は大きく広がった。この新しい領域が表南洋、外南洋と呼ばれたので、それと区別するために委任統治領を内南洋とか裏南洋と呼ぶこともあった。その後、南方進出の企業には軍への食糧供給の任務が課せられて多くの犠牲者を出し、敗戦によって南洋開発事業は終わった。

南洋に消えた焼津村の夢

南興水産とは別の形で南洋を目指した人々もいる。皇道産業焼津践団である。その南方進出の目的は、「南進分村計画」を実践することにあり、漁業、水産加工業に加えて、大工、左官、鍛冶職などの建設関係から農業、料理人、電工、仕立て職など、あらゆる職種を包含し、全員が一家族という認識の下にあった。しかも皇道という表現に見られるように、指導者である村松正之助の皇室尊崇の強い意思の下、日本の南進に呼応して結成されたのである（『鰹節史』）。正之助は焼津節の製造技術向上に尽力した村松善八の六男で、焼津町生産組合を設立した服部安次郎（善八の実兄）の甥に当たり、戦時下に閉塞状態にあった焼津の漁業・鰹節製造業の活路を南洋に求めたのだった。

昭和六（一九三一）年に満州事変が始まり、大陸での戦争が長期化する中で国家統制が進み、昭和十六（一九四一）年には配給制度が実施された。この頃になると魚の水揚げは激減した。そして同年十二月に太平洋戦争が始まると、正之助は翌昭和十七（一九四二）年十月、皇道産業焼津践団を設立した。皇道というのは天皇を中心とする国家体制の推進

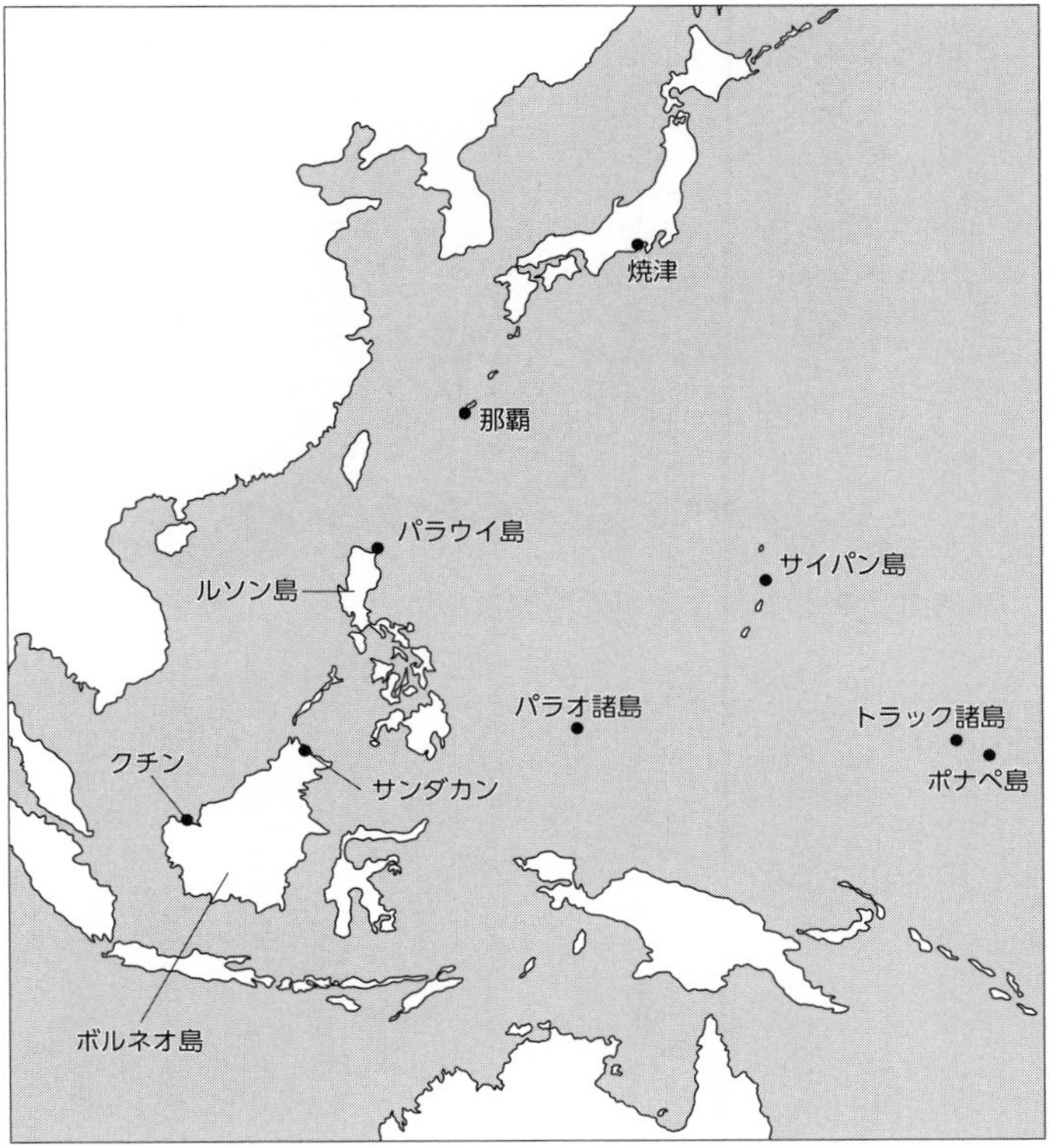

図11　皇道産業焼津践団関係地図

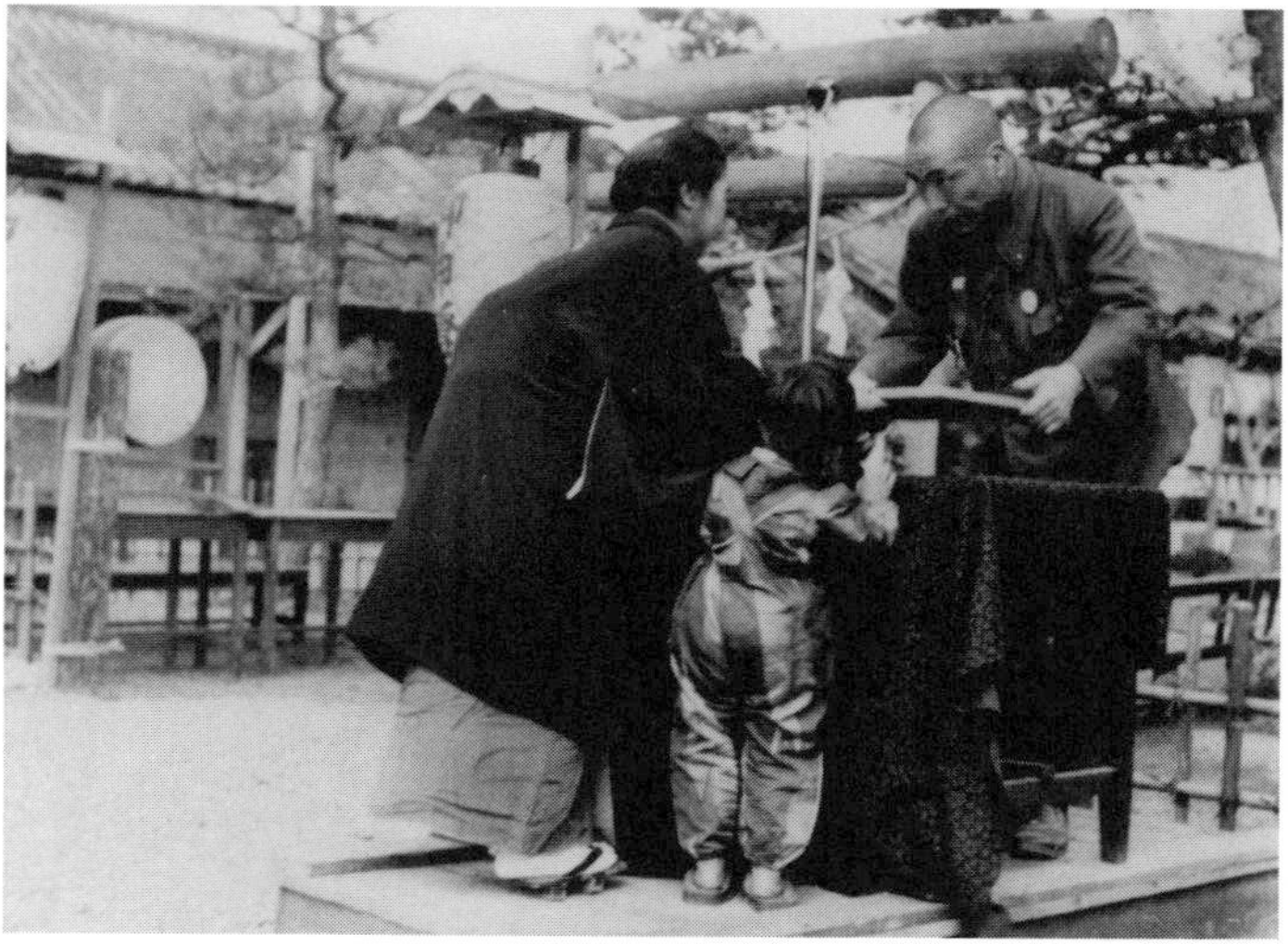
村松正之助と皇道産業焼津践団員の遺族　株式会社岩清所蔵

という意味であり、正之助の強烈な個性を背景にしている。南洋は、カツオ漁業者にとって魅力的な漁場だったから、そこを舞台にカツオ漁業を大発展させ、ひいては焼津の分村を建設するという壮大な夢を描いたのであった。践団設立後ではあるが、正之助は日本国家主義運動の理論的指導者である大川周明とも親交を結び、焼津にも招いたらしい。大川は民間人としては唯一A級戦犯として東京裁判で被告となった人物である（『村松正之助と皇道産業焼津践団』）。

皇道産業焼津践団の南洋進出に対す

る許可が下りると、昭和十八（一九四三）年二月、所属する七隻が焼津漁港から出港した。目的地ははるか南のフィリピンとボルネオである。派遣は四次にわたり、約六〇〇人が南洋に渡った。フィリピンのルソン島に派遣された一団は、パラウイ島という小島に基地を設け、生産した鰹節はすべて軍に納入した。いっぽう、ボルネオ北部派遣団は五月に北部のサラワク州クチン港に到着した。希望した東側のスル海に面したサンダカンの辺りは、カツオの好漁場であったがすでに先行する他の会社が権益を持っていたため、カツオの回遊が見込まれない地区に拠点を置くしかなかった。そのため、ボルネオ派遣団は軍の要請を受けて警備など軍の補助機関としての役割を担うことになってしまった。漁業とは直接関わらないことであっても皇道実践という大きな目的には沿うという方針から、現地には四次にわたって団員が派遣された。

やがて戦局が悪化し、現地の団員は否応なく戦闘に巻き込まれ、多くの犠牲者を出した。南方での戦死者の慰霊のために昭和十九（一九四四）年には皇道産業焼津践団の本部に郷魂祠《きょうこんし》が造営された。厳密な数字ではないとされるが、『鰹節史』によれば、フィリピン派遣団は二三七人中、戦没者六五人、ボルネオ派遣団は三四二人中、戦没者八一人を数え、このほかに宇佐美村（現・伊東市宇佐美）大敷網従事者一五人などを含め合計二八六人が戦没している。なおボルネオ派遣団の中には沖縄県民が一五八人も参加している。戦前から沖縄漁民の南方進出は盛んであり、とくにカツオ漁では、追い込み網（アギャー）で小魚をとってカツオ釣りの活餌を自給できるという海人（ウミンチュ）としての特技があったので、数多くの漁民が南方に進出し鰹節生産も行っていた。沖縄の漁民が参加した背景には、こうした事情があったと考えられる。郷魂祠は、現在は焼津神社境内にある。

第7章　焼津漁業の再出発

昭和時代初期　漁獲物の陸揚げ

1 戦後復興と漁港の整備

漁業再建

太平洋戦争は日本の水産業にも壊滅的な打撃を与えた。終戦直後の深刻な食料不足を解決するためには、農業の復興と並んで水産業の復興・発展を図ることが不可欠だった。占領統治下の日本では、漁船の活動領域はマッカーサー・ラインによって限定されており、造船制限もあったが、政府は戦時中に激減した漁船数を補おうと、国を挙げて漁船建造計画を進めた。焼津では戦前に四六～四七隻あったカツオマグロ漁船が、終戦時には一八隻になっていた。それでも終戦翌年の昭和二十一（一九四六）年には、新造の木造船九隻・鋼鉄船四隻が早くも加わり、昭和二十四（一九四九）～二十五年には戦前の漁船勢力にまで回復した。

ところが戦後の数年間、漁船は増加しても漁獲量はなかなか増えなかった。その原因は漁業資材、とりわけ燃油の不足であった。経済統制で燃油の配給が乏しく、漁が思うようにできなかったのである。いっぽうで、鮮魚介の価格と配給も統制されており、魚の絶対量が不足していたため遅配や欠配ばかりで、闇取引が横行して正規の統制ルートに乗る魚の量はなかなか増えなかった。結局、鮮魚の統制が全廃されたのは昭和二十五（一九五〇）年四月一日で、その年の盛漁期から焼津漁港のカツオマグロの水揚げ量は本格的に回復していった。

カツオ漁低迷を支えたサバ漁

カツオ漁の復活に時間がかかったのに比べて、終戦直後から盛んだったのは、近海でのサバ漁である。この漁を行った二〇トン未満の小型漁船は、漁船原簿への登録が不要だったので、「不登簿船」と呼ばれた。不登簿船は昭和二十一（一九四六）年から二十二年にかけて数多く建造され、近海のサバを中心に漁をしたが、夏季には来遊するカツオをとることもあった。戦争中に漁ができなかったこともあって沿岸・近海でのサバ漁は豊漁が続き、資金調達も進んだ。そのおかげで、船の大型化や設備の充実が図られ、カツオ釣り用

カツオ一本釣り

1隻の船に多くの船員が乗り、生きたイワシをまいて、カツオやビンナガマグロを船にひきつけ、疑似餌で釣る漁法。最近は自動式釣機も開発されている。

マグロ延縄《はえなわ》

幹縄に多数の枝縄をつけ、この先に釣針に餌をつけて海に投入、数時間後に、かかったマグロ・カジキを引き上げる漁法で、縄の長さは100kmにも及ぶ。

棒受け網

昼・夜間、まき餌や集魚灯で海の表層に魚を集め、船から四角い網を張り出してすくいあげる漁法。主にサンマ、サバをとる時に多く使われる。

まき網

1隻または2隻の船で、魚群を包囲してから網をしぼり、一度に大量の魚をとる漁法。イワシ、アジ、サバ漁が主体だが、カツオ、マグロ漁にも使われる。

図12　焼津漁船の主要漁法

出典：株式会社いちまる『焼津とともに150年』より転載

の活餌の魚艙《ぎょそう》や散水器を装備する兼業船も増えていった。兼業の場合、九月から翌年四月までがサバ漁、五月から八月までがカツオ漁というのが一般的だったようである。

ところが、順調だったサバ漁が昭和二十五（一九五〇）、二十六年に極端な不漁となった。そこで県外漁場の開拓が進められ、九州西海域（済州島や対馬、五島列島周辺）に出漁したが、今度は昭和二十七（一九五二）年一月、韓国の李承晩大統領がいわゆる李承晩ラインを設定して他国船による漁獲を禁止してしまった。九州西海域を閉め出されたサバ漁船は、八戸沖や銚子沖、銭洲などの新たな漁場を開拓していった。焼津では昭和二十六（一九五一）年から小川《こがわ》漁港の築港も本格的に始まり、この港を中心に伊豆七島方面の銭洲漁場のサバ漁が開発されて、小川漁港は近海漁業の基地として発展していった。現在は焼津のサバ漁船はすべて小川漁協に所属している。

カツオからマグロへ

統制が撤廃された昭和二十五（一九五〇）年、焼津漁港の水揚げ量は前年の三倍近く、

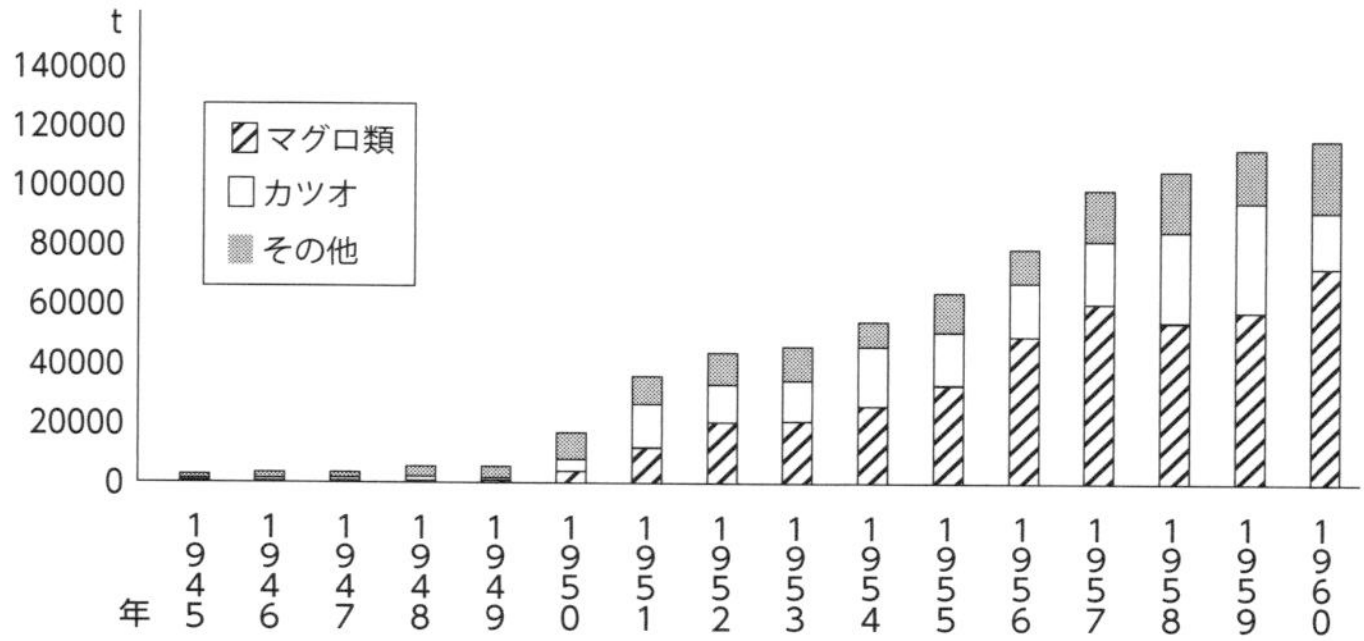

図13　焼津魚市場の魚種別水揚げ量（1945〜60年）

出典：『焼津市史 漁業編』より作成

金額では四倍にもなった。その後も水揚げはカツオを中心に順調に増え続け、昭和二十七（一九五二）年にはマッカーサー・ラインや石油、漁業用資材統制も撤廃されて、遠方の新漁場が開拓されていった。翌昭和二十八年に「特例法」（「以西（東経一二八度三〇分以西）底びき網漁業および遠洋かつお・まぐろ漁業の許可等についての漁業法の臨時特例に関する法律」）が施行されると、漁船の大型化が容易になり、同年、焼津漁港で初めての三〇〇トン型マグロ専用船、第十五太洋丸が建造された。それまでマグロ延縄《はえなわ》漁といえば、一五〇トン前後のカツオマグロ兼業船が冬だけ行うものだったが、太洋丸がインド洋で成功を収めたので、以後続々と鋼製の大型遠洋マグロ専用船が建造されていった。焼津魚市場の水揚げ量も終戦直後はサバの取扱高が多く、昭和二十五（一九五〇）年からはカツオマグロが増加し、その後はマグロの水揚げ金額の伸びが著しい。昭和三十年代、戦前からカツオを主要水揚げ魚種としていた焼津漁港は、マグロの港へと性格を変えていった。

焼津漁港の建設

焼津漁港は、現在カツオの水揚げ日本一を誇っているが、実はこの港ができたのは戦後のことである。焼津の海岸には入り江がなく、川の河口部を船溜まりとして使う程度で、小型船は漁のたびに浜に引き揚げていたし、荒天時には大型船を清水港へ避難させなくてはならなかった。

そんな焼津にとって、漁港の建設は悲願だった。明治期には東海道線開通と動力船採用によって漁場も販路も広がったにもかかわらず、船を接岸させることができず、大型船は沖がかりして伝馬船で浜まで魚を運んでいた。次ページの写真には、そうして陸揚げされたカツオが浜を埋め尽くすように並んでいる様子が見える。

砂利浜に並ぶカツオと沖がかりするカツオ船　山﨑博康氏所蔵

漁業者や地域住民は明治期から築港を求めるさまざまな運動を行ってきた。しかしなかなか実現には至らず、昭和十四（一九三九）年、ようやく「焼津漁港修築七ヵ年計画書」が策定されて翌年着工したものの、今度は戦時の予算削減や資材・労働力の不足もあって頓挫してしまった。

そこで、戦争が終わるとすぐに工事再開に向けての運動が始まり、昭和二十一（一九四六）年十一月に「焼津漁港完遂促進会」が組織されて翌年に浚渫《しゅんせつ》を開始した。こうして昭和二十五（一九五〇）年十月、素掘りの港に大型鋼船が初めて入った。これで沖がかりする必要がなくなり、焼津に

東洋一を豪語した焼津港（昭和32年）
焼津市歴史民俗資料館所蔵

とって文字通り画期的な出来事となった。その後、昭和二十八（一九五三）年に西北側岸壁、翌年に魚市場上屋、昭和三十（一九五五）年には第一船渠というように次々と完成していき、昭和四十一（一九六六）年には第二船渠ができて一応の完成をみた。

港の整備が進んでくると、市内船問屋の積極的な外地船（焼津漁港に所属していない船）誘致の成果もあって、徐々に地元船以外の水揚げも増え、焼津漁港は全国のカツオマグロ船の、そして県内のサバ船の水揚げ港となった。三重県浜島町（現・志摩市浜島）のカツオ船漁労長、松尾忠七さん（昭和六年生まれ）は、十五歳で乗船した昭和二十一（一九四六）年に初めて焼津に入った。この時には砂利浜に水揚げをして、すぐに餌場（神奈川県小田原市の江之浦）へ行ったという。忠七さんの船はその頃、年間五、六回しか焼津に入らなかったが、港ができてから三分の二は焼津に水揚げするようになり、焼津漁協から優秀船として何回も表彰されている。

焼津市中港など港の周辺地域には、漁業の必需品である釣具や氷、船の設備等を扱うさまざまな店や、外地船の水揚げや仕込みを引き受ける船問屋が集まった。さらに、漁船員の利用する飲食店や銭湯、映画館などの娯楽施設や、外地船の水揚げに合わせて面会に来る妻たちが泊まる宿泊施設などもできていき、港界隈はかつてないほどの活気にあふれた。

鰹節業界の復興と季節工

戦時中は統制となっていた鰹節も昭和二十三（一九四八）年八月に統制が撤廃され、さらに昭和二十五（一九五〇）年四月には鮮魚の統制が全廃された。これにより焼津漁港の水揚げ量も回復し、いよいよ鰹節生産が本格的に再開できる体制が整った。ただ、戦争によって資金力が弱まっていた鰹節業界はすぐには生産量を回復できず、地元金融機関や農林中央金庫に融資を要請した。同時に、十年余の統制期間中には製造技術も低下していたため、その挽回を目指して、早速「第二回全国鰹節類品評会並びに即売会」を焼津で開催し、成果を挙げた。

カツオ漁が復興して鰹節生産も増えてくると、職人の確保が課題となった。この頃から、カツオの水揚げが増える時季だけ季節工が雇われ、明治期以降に焼津の職人が技術指導に行っていた鹿児島県や高知県などから、技術を習得した多くの職人が出稼ぎに来るようになった。

当時の焼津は遠洋カツオマグロ漁業の基地として活況を呈し、鰹節製造の先進地であると同時に、鹿児島県の枕崎や山川に比べて〝都会〟という印象があったらしい。「焼津に行ってみたい」と憧れて出稼ぎに来る職人も多かった。また、他県への技術指導や季節工としての出稼ぎは、身軽な独身のうちに行く場合が多く、焼津から鹿児島へ行き、あるいは鹿児島から焼津に来て、それぞれ現地で結婚して定住している人も大勢いる。

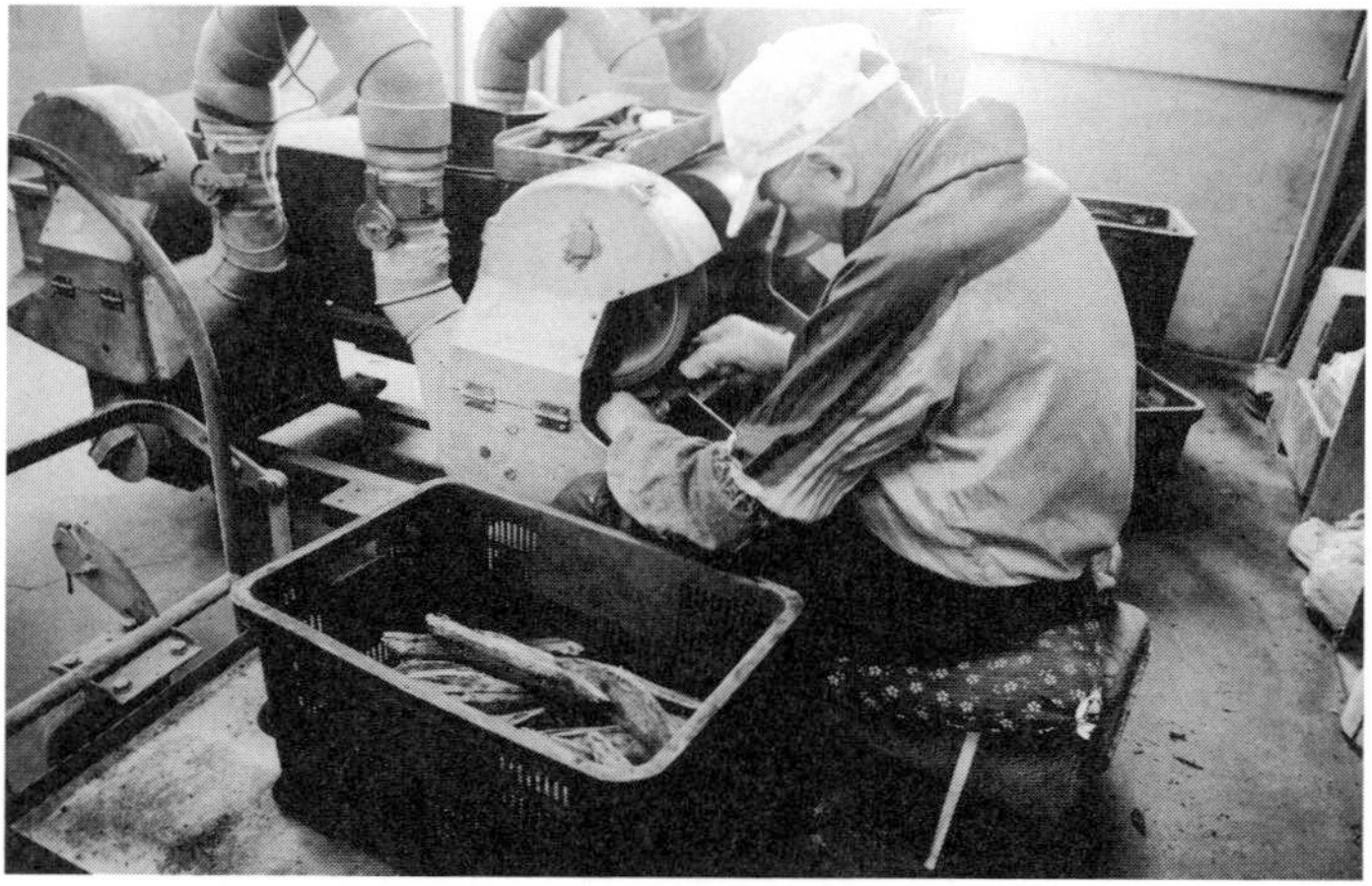

グラインダー式成型機（焼津鰹節水産加工業協同組合にて）

職人の不足を補うために、季節工の雇用と並行して鰹節製造の機械化も進められた。昭和三十五（一九六〇）年、グラインダー式成型機の試作機が完成し、本格的に採用された。グラインダーでの荒節の成型は作業効率が良く力も不要で、かつ二、三カ月の練習で技術が習得できるという利点があった。成型機は特許を取得し、若干の手数料を上乗せして焼津鰹節組合から全国の鰹節製造業者に販売され、急速に普及していき、季節工は減っていった。その後も機械化は進められ、昭和四十六（一九七一）年には生カツオ頭切機、翌四十七年には焼津式乾燥庫が完成した。

季節工の事例を挙げてみよう。高知県土佐

清水市松尾は、カツオ漁で有名な中浜（ジョン万次郎の出身地）の隣町である。昭和四（一九二九）年生まれの女性の話では、自分の母親は松尾で鰹節を作っていたが、焼津の鰹節工場に削り職人として行ったことがあり、製造に当たって品質管理が厳しかったのが印象的だと語っていたという。実はこの女性も、焼津で三十年ほど鰹節職人として働いた経験がある。戦後間もなく宮崎県の鰹節工場に見習いとして勤め、翌年には鹿児島県の山川、さらに高知県大月町の柏島で働き、昭和二十七（一九五二）年に一人前の削り職人として同県須崎の小規模な工場で働いた。そして昭和三十五年、職人を斡旋するセキニンシャ（責任者）とともに焼津に行き、小川に新設されたフジマルハチの工場で一年間働いた。さらにサスモ商店に移って四年間、生切りと手削り、機械削りに従い、昭和三十九年からは焼津加工組合で十二年間、機械削りを行い、平成元（一九八九）年に定年退職して高知に帰った（『漁業編』）。鰹節の仕上げ方が手仕事から機械（グラインダー）へと変わっていくことを焼津において身をもって体験したのであった。

当時の鰹節製造はカツオの漁期に合わせて行う季節産業という一面を持っていた。昭和三十三（一九五八）年九月に行われた調査によると、最繁忙期は六月と七月で年間生産量の四五パーセントを生産し、十一月から翌年三月までは全く生産がない。一番忙しい六月の労働者は焼津全体で六〇〇人程度と推定されるが、この調査が行われた八月現在の数字では、総数四七六人であった。表2によれば、他県からやってくる季節工二三三人のうち、最も技術と経験が必要な節削り工はほぼすべてが男性、女性の多くは手入れ工としての役

表2　雇用形態別鰹節職人数（昭和33年8月）

職種		男（人）	女（人）	計（人）
常用	事務員	12	21	33
	生切り工	110	―	110
	手入れ工	38	13	51
	節削り工	4	―	4
	その他	9	―	9
	計	173	34	207
季節	生切り工	38	5	43
	手入れ工	13	53	66
	節削り工	123	1	124
	計	174	59	233
臨時	生切り工	―	4	4
	手入れ工	3	6	9
	節削り工	21	1	22
	その他	1	―	1
	計	25	11	36
合計	事務員	12	21	33
	生切り工	148	9	157
	手入れ工	54	72	126
	節削り工	148	2	150
	その他	10	―	10
	合計	372	104	476

出典：『焼津鰹節史』

割だった。調査前年の事業所数は五三で、労働者数は六三七人、生産量は二万二〇〇〇樽だった（『鰹節史』）。

この表に見る通り、焼津の鰹節生産は季節工によって支えられていたことがよく分かるが、実は同じ頃、やはり静岡県の重要産業であったミカン栽培でも、ミカン収穫のための不足する労働力を、冬場に余剰労働力を抱える青森県や新潟県など他県からの女性の出稼ぎに頼っていた。彼女たちは農協の斡旋で各農家に配置され、移動班と呼ばれた。季節によって一度に大量の労働力を必要とする地域産業が、全国各地の産業実態と密接に関わりあっていたのである。

第五福竜丸事件

昭和二十九（一九五四）年三月一日、焼津のみならず日本中を震撼させる大事件が起きた。焼津漁港所属のマグロ船第五福竜丸がマーシャル諸島ビキニ環礁近海で操業中、アメリカが極秘で行った水爆実験「ブラボー・ショット」に遭遇したのである。この水爆は広

コラム⑧

水爆実験とゴジラ

今や世界的大スターとなり、日本だけでなくアメリカのハリウッドでも何回も映画化されているゴジラ。ちなみに、水爆実験によって長い眠りから覚めたとされるゴジラという怪獣の名前は、ゴリラとクジラを合体させたものでした。昭和二十九（一九五四）年十一月に第一作が封切られて大ヒットとなりました。全国民が放射能に対する恐怖におののいていた時です。

水爆実験による放射能の拡散を象徴するのが、放射能雨です。当時は雨が降り出すと、誰もが雨に当たらないように傘を広げ、屋根の下に逃げ込んだものです。その頃、水が不自由だった台地上の村では天水をためて日常用水に使っていましたが、放射能雨の危険を避けるために簡易水道を敷設したほどでした。

都会を見下ろして咆哮する実物大のゴジラ（東京都新宿区）

第五福竜丸は、焼津水産業が海外に拡大していったという地域の歴史を示すとともに、より普遍的な人類と核との向き合い方について、鋭く問い掛けています。

人類の恐怖の対象であったゴジラは、そのマイナス面が逆転して、環境破壊を食い止めるシンボルのように見なされるようになりました。イタリアのベネチアで見た、環境保全を呼び掛ける手作りのポスターには、怒り狂うゴジラが描かれていました。

島型原爆の千倍の威力があったといわれる。第五福竜丸は、アメリカが危険区域に指定した「ブラウン島（エニウェトク環礁）・ビキニ島」を海図上に囲って注意し、一〇〇キロメートル以上離れた危険区域外で延縄《はえなわ》を投縄《とうなわ》して漂泊中だった。しかし現地時間午前六時四十五分（日本時間午前三時四十五分）、夜明け前の空に突如閃光が走り、火球が水平線上に巨大化しながら上昇していき、乗組員たちは、上空から降ってきたサンゴ礁の粉末片のような白い「死の灰」を浴びた。三月十四日に焼津漁港へ入港した第五福竜丸の乗組員たちは原爆症と診断され、半年後の九月二十三日には久保山愛吉無線長（焼津市浜当目出身）が急性放射能症で亡くなった。

事件の影響は多方面に及んだ。広島・長崎に続く三度目の原水爆被害は衝撃的で、全国的な原水爆禁止運動を引き起こし、政府はアメリカとの損害・傷害補償交渉に追われた。もちろん水産業への影響は非常に大きかった。放射能で汚染されたのは事件当時に水揚げされた魚だけでなく、汚染された海水が海流によって拡大し、食物連鎖によって大型回遊魚に蓄積されていったため、その後も太平洋海域で放射能汚染のマグロ・カジキ類が続出した。汚染された魚は「原爆マグロ」と呼ばれ、廃棄処分されて市場に出回ることはなかったが、風評被害もあって魚価は下がり、一時的に消費者の魚離れ・焼津産離れが進んだ。漁業・水産加工業、流通業者らは水産庁に損害補償を求め、同時にさまざまな魚食普及活動を行い、この苦境を乗り越えたのだった。

第五福竜丸の船体は、後に東京水産大学の練習船はやぶさ丸として使用され、老朽化のため昭和四十二（一九六七）年三月に廃船となってからは、東京都江東区夢の島の隣にある埋立地に放置されていた。現在は東京都立第五福竜丸展示館（夢の島公園）に保存され、一般に公開されている。

2　新漁法の拡大と加工技術の進展

一本釣りから海外まき網漁業へ

昭和三十年代、カツオマグロ兼業船からマグロ専用船への転換が進んだ焼津漁港の水揚げは、マグロが中心となっていた。しかし、マグロ延縄《はえなわ》船が大型化して漁場が遠くなっていくにつれて、航海経費はますます増加した。ちなみにマグロ延縄漁とは、長さ数十キロメートルにもなる幹縄《みきなわ》に、釣り針を付けた枝縄《えだなわ》を三五〇メートルほどの間隔で垂らし、掛かったマグロを回収するというもので、古くからいろいろな魚種に適した延縄漁が行われている。

加えて、漁獲効率の低下や船価・資材の高騰、労働力不足に伴う労賃の上昇などもあり、昭和三十五（一九六〇）年ごろからカツオマグロ漁業の経営は悪化した。そこで、マグロ漁船の機械化・省力化が進められ、投縄《とうなわ》・揚縄《あげなわ》作業や漁獲物の船内運搬、あるいは船上での冷凍技術などが改良された。船凍マグロの評価が高まると、凍結状態のまま取引されることが増え、いわゆる「一船買《いっせんが》い」が進展するなど、流通形態も多様化した。昭和四十一（一九六六）年からは焼津漁協でも超低温冷蔵庫の建設が始まり、凍結品の受け入れ態勢が整えられていった。

昭和四十五（一九七〇）年、焼津のカツオマグロ漁に大きな変化が起きた。福一漁業が日本近海捕鯨株式会社から買収した日勝丸を使用して海外まき網漁業（略称「海《かい》まき」）を始めたのである。海まきはもともとアメリカ式巾着《きんちゃく》網漁業と呼ばれ、明治期に日本に紹介された。大網で魚群を囲い込んで文字通り一網打尽にするもので、戦前までなかなか定着しなかったが、戦後、アメリカから帰国した経験者に技術指導を受けるとともに日本の実情に合わせる工夫を行っていた。それと同時に新漁場の開発を模索して南方漁場で一定の成果を挙げ、当時ようやく軌道に乗りつつあった。この新規事業に参入した福一漁業は、四、五年かけて「木付きカツオ群を朝まずめ（夜が明ける直前）に巻く」という漁法を確立したことで漁獲が安定し、海外まき網船の数を増やしていった。

こうした時代の流れは、遠洋カツオ一本釣りの危機を招くことになった。鮮魚向け生産では運搬距離の短い近海カツオ一本釣りと競合し、水産加工向けの凍結原料カツオ生産では漁獲効率のよい海外まき網との競争にさらされる。その対応策として、昭和五十六（一九八一）年には遠洋カツオ一本釣り漁船四三隻が自主減船し、第一拓漁丸や第三十八松友丸などが海外まき網漁業への転換を図った。平成元（一九八九）年にも大幅な減船が行われ、以降、カツオの生産量のうち海まきが一本釣の二倍近くにもなり、焼津漁港は海外まき網漁業の主要水揚げ港となった。

コラム⑨

海まき漁の現場

焼津の株式会社いちまるが新造した船（七六〇トン）は魚群探査用のヘリコプターを搭載し、現場では小型船を下して作業をします。海まきのさきがけである福一漁業株式会社は、現在千トンから二千トン近い船を中心に五組を保有し、これらにもヘリコプターを搭載している船があります。ひと昔前の近海漁とは比べものにならない大規模漁業ですから、それなりの資本がなければできません。

では、この巨大な網でどれくらいのカツオがとれるのでしょうか。一本釣りの場合、昔はカツオの漁獲量を何本と数えていましたが、後に目方で表すようになりました。先に少し触れましたが、専用船一航海で三〇トン内外の時が多かったようです。カツオは二〇〇トンを超える大きな群れで固まって泳いでいますから、これを文字通り一網打尽にできれば、理論的には一網で四千万円にもなる〝可能性〟があります。

ところが、話はそう簡単ではありません。二〇〇カイリの排他的経済水域が設定されてからは、島嶼国が権利を持つ水域で主に漁をするため、現在では一隻当たり二億円近い入漁料を支払わなければなりません。福一漁業のホームページによると漁場往復に二週間、現地での操業は一週間から四十日、帰港後の水揚げ作業などを含めて一航海とすると、年間に七、八航海をすることになり、別に長期のメンテナンスの期間も必要になります。規模の拡大には、それなりの経営リスクが伴います。

大型海まき船の第十八松友丸（株式会社いちまる所有）

これは水産業界だけの話ではありませんが、会社としては単に魚をとるだけではなく、飲食業界をはじめ、さまざまなビジネス分野に進出し複合的な経営を目指すことになります。漁業界においても優れた経営感覚が求められる時代になっています。

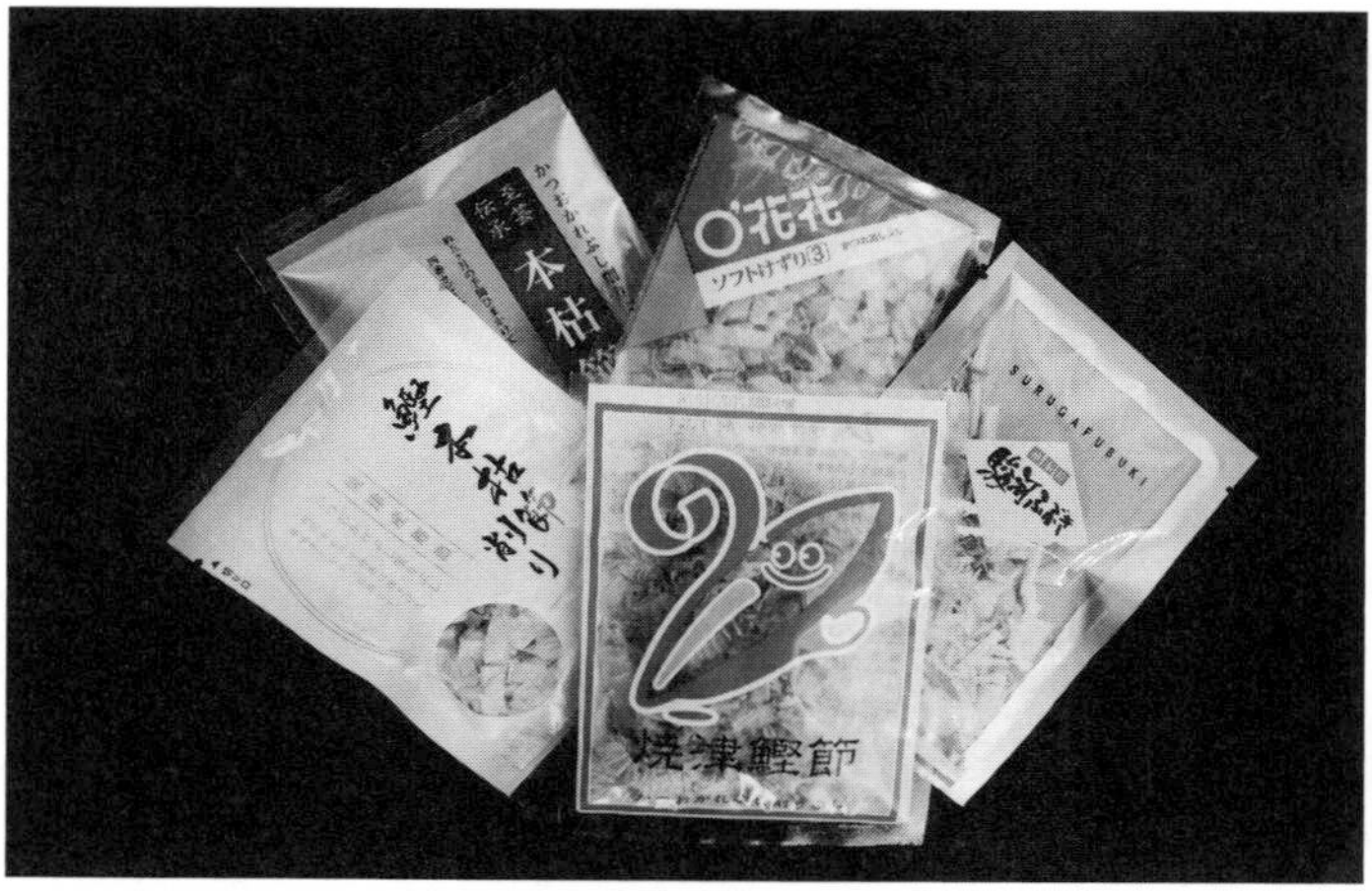

パック詰めの削り節

鰹削り節パックの誕生

昭和四十四（一九六九）年に東京の株式会社にんべんが発売した「フレッシュパック」は画期的な商品だった。これは一人一回の使用分として五グラムの鰹節削りを小袋詰めしたもので、人気は急上昇し、自家用だけでなく、婚礼の引き出物や贈答品などとしても定着していった。実は、削り節のパック詰め商品は、昭和三十六（一九六一）年ごろから焼津の鰹節業者でも研究されていて、袋の素材や充填するガスの種類など風味を保つ工夫はされていたのだが定着しなかった。「フレッシュパック」は一人分の小袋とした点がポイ

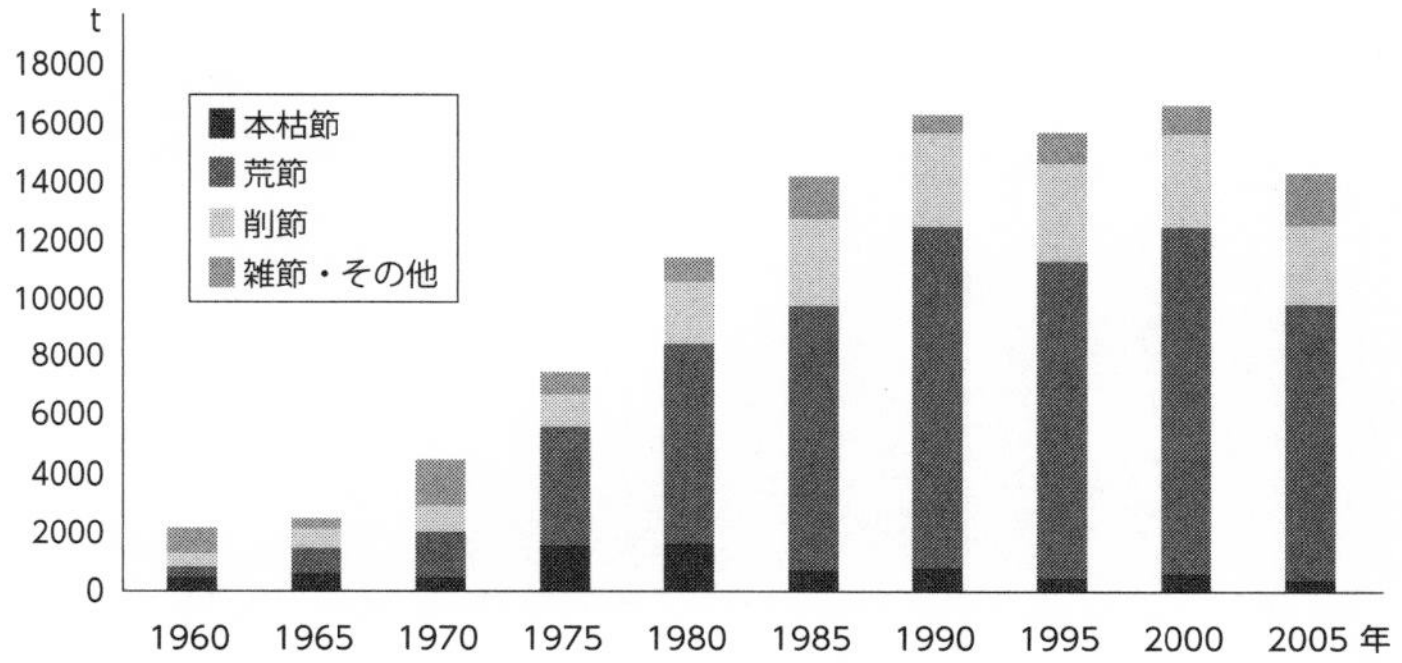

図14　焼津の鰹節種別生産量

出典：『焼津市史 漁業編』・『追補 焼津鰹節史』より作成

ントで、単価は上がっても、鰹節本来の風味が損なわれず簡便に利用できる点が消費者に受け入れられたのだろう。

株式会社にんべんの成功を受けて、焼津でも続々とパック詰め商品の開発製造が始まり、機械化も進んで生産能力が格段に向上した。パック詰め商品は鰹節の形状を問わないため荒節を利用することが多く、これ以後、荒節の生産が大幅に増えていった。そのため本枯節の製造は減少し、鰹節職人が長年磨き上げてきた削りやカビ付け等の技術は発揮される機会が失われつつあった。そこで製造技術の保存伝承が意識されるようになり、昭和五十八（一九八三）年、焼津鰹節伝統技術研鑽会が組織され、平成十七（二〇〇五）年には焼津鰹節製造技術が市の無形文化財指定を受けている。

パック詰め商品の大量生産は、カツオが通年で安定的に供給されるようになったことで可能となった。背景の一つは海外まき網漁業の進展による豊富な漁獲量だが、船上でのカツオの冷凍保存技術が飛躍的に発達したことも大きい。昭和四十（一九六五）年ごろに開発されたブライン凍結法は、濃い塩水（ブライン液）が低温でも凍らない性質を利用して、それにカツオを浸して急速に低温化させた後に魚艙内で凍結させる技術で、現在でも活用されている。この方法で鮮度が維持されたカツオ（B1カツオ）は、生カツオに負けない価格で取引されるようになった。

さかなセンターと水産加工団地

東海道線が開通してからは、水産物の輸送の中心は鉄道だった。昭和十二（一九三七）年には焼津駅に鮮魚専用ホームができたし、名産の塩サバの出荷に対応できるように特別にダイヤを変えてもらったこともある。しかし、道路整備が進んだことに加え、戦後には

にぎわう焼津さかなセンター　静岡新聞社所蔵

国鉄労組のストライキがたびたび起きたこともあって、昭和三十年代後半から徐々にトラックが利用されるようになってきた。昭和四十（一九六五）年ごろからは電気クーラーによる保冷車が導入されて、トラック輸送の評価がより高まった。焼津ではすでに昭和四十一（一九六六）年には市外に出荷する水産物の七割以上がトラック輸送となっていた。

昭和四十四（一九六九）年五月に東名高速道路が開通し、国内における大量輸送の主役は鉄道からトラックへと移る。この翌年八月に国鉄が貨物輸送を縮小す

コラム⑩

かんから部隊

終戦直後、焼津駅前には朝市が立ちました。物流が鉄道主体だった頃には、駅前は最も人が集まる場所だったからです。朝市の始まりはリヤカーや自転車の荷台を店代わりにしたヤミ市です。戦後の生活物資の極端な不足は人々の生活を直撃し、国の定めた配給基準だけではとうてい生きていけません。生まじめに法を守った裁判官が餓死してしまったという話が流れたほどです。

正規のルート以外で集めた物資や軍隊の放出品、自家製品などを路上で売買する、いわゆるヤミ市は、このような交通の拠点となるような場所に自然に成立していきました。そして物資統制が撤廃された昭和二十五（一九五〇）年以降、そこに店を構えるようになり、自然発生的に朝市が出来上がりました。

朝市の風景（昭和36年ごろ）　焼津市歴史民俗資料館所蔵

この朝市には近隣市町村の魚屋や一斗缶を背負った行商人が、鮮魚や生利節、黒はんぺん等の水産加工品の仕入れに大勢訪れてにぎわいました。戦争や漁で夫を亡くした女性が生計の足しに行商を行うことも多く、仕入れた商品でずしりと重くなった石油缶を風呂敷で包み、車内に持ち込んで静岡の一文菓子屋やおでん屋などに売りさばきに行きました。このような女性軍団を、「かんから部隊」と呼びました。都市部の人々の暮らしの一端は、たくましい焼津女性の働きによって支えられていたのでした。

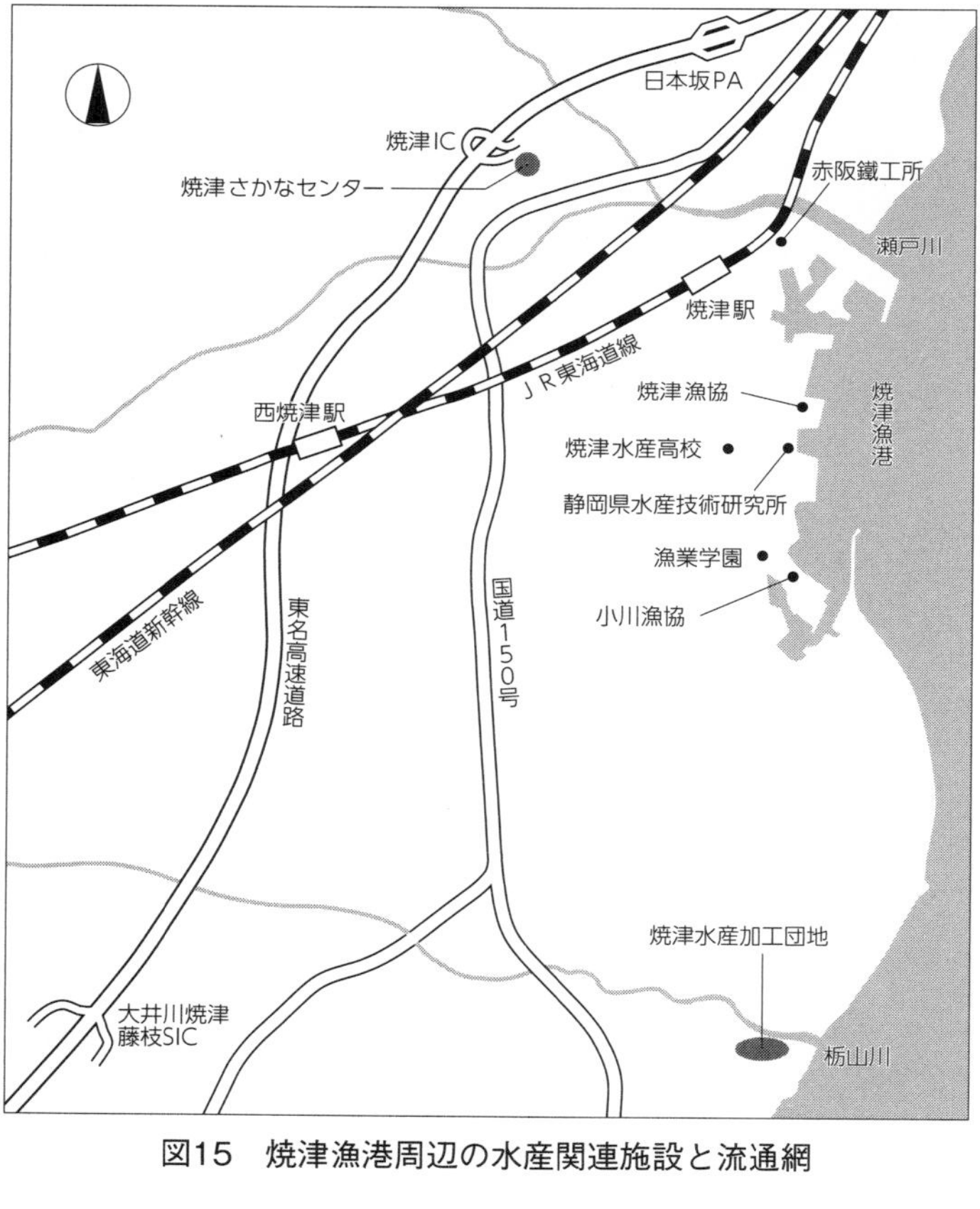

図15　焼津漁港周辺の水産関連施設と流通網

る計画を打ち出すと、水産物のトラック輸送はますます増加した。焼津では昭和四十七（一九七二）年に出荷組合が全面的にトラック輸送へと転換することにしたため、市外出荷水産物の鉄道輸送はわずか六パーセントにまで減り、昭和五十一（一九七六）年にはすべてトラック輸送による出荷となった。輸送形態が大きく変化したことにより、それまで港と駅の周辺に集中していた水産業関連の店舗や施設が分散していった。

東名開通後の昭和五十（一九七五）年ごろ、焼津インターのすぐ近くに焼津食品卸センターが開設されると、四五店舗が入店し、数店舗だけが駅前朝市に残った。さらに昭和六十（一九八五）年にセンター西側に焼津さかなセンターが開業した。東名インター近くという好立地に加え、大型駐車場を完備したこの水産流通施設の設置は物流形態の変化を引き起こしたが、同時に一般消費者への販売に力が入れられたので、多くの観光客が大型バスで来店するようになり、焼津の観光名所になった。現在、年間約一七〇万人が同センターを利用するという。

また、これまで魚市場や城之腰付近に集中していた水産加工場も、さかなセンター周辺、もしくは昭和四十七（一九七二）年に整備された水産加工団地（焼津市惣右衛門）へと移った。水産加工団地は水産庁が実施した「水産物産地流通加工センター形成事業」によって、①流通コストの削減、②水産食品加工の合理化・高度化、③労働環境の整備、④公害対策を行うことを目的として造成された。昭和四十年代は、富山県のイタイイタイ病や田子の浦港のヘドロなど公害が大きな社会問題となっており、焼津でも黒石川や小石川が水産加工場からの排水で汚染されて悪臭を放っていた。まさに「焼津のにおい」であって、電車で焼津駅に近づくと、眼をつむっていても焼津だと分かるほどだったから、これも含めて早急な対応が求められていたのである。加工団地には共同事業として給排水施設や冷蔵庫、組合事務所が建設されて効率化が図られ、住宅地の汚水・異臭問題も解消された。

再びカツオの港として

カツオ生産の主力となった「海まき」は、中西部太平洋を主漁場としてカツオを中心に漁を行っている。鰹節には脂の乗りが少ない南方のカツオの肉質が適しているため、海まきの水揚げ港としての焼津は、鰹節原料向けカツオの供給基地ともなった。しかし、海ま

焼津新港にて荷下ろし中の冷凍カツオ

きの漁場ではアメリカ、韓国、台湾との漁獲競争が激しくなり、資源悪化も招いている。さらに昭和四十八（一九七三）年と昭和五十三（一九七八）年の二度に及ぶ石油危機や、昭和五十二（一九七七）年の二〇〇カイリ漁業水域設定による主要漁場の喪失は、カツオマグロ経営に打撃を与えた。

いっぽうで漁船員不足も深刻だった。船《せん》中《ちゅう》の解体後は地元の漁船員の雇用が難しくなった上に全国的な労働力不足の時期とも重なった。そこで全国の水産高校から船員を募集したり、昭和四十五（一九七〇）年に焼津に設立された県立漁業高等学園（現・県立漁業学園）で漁師を養成したりして、人材確

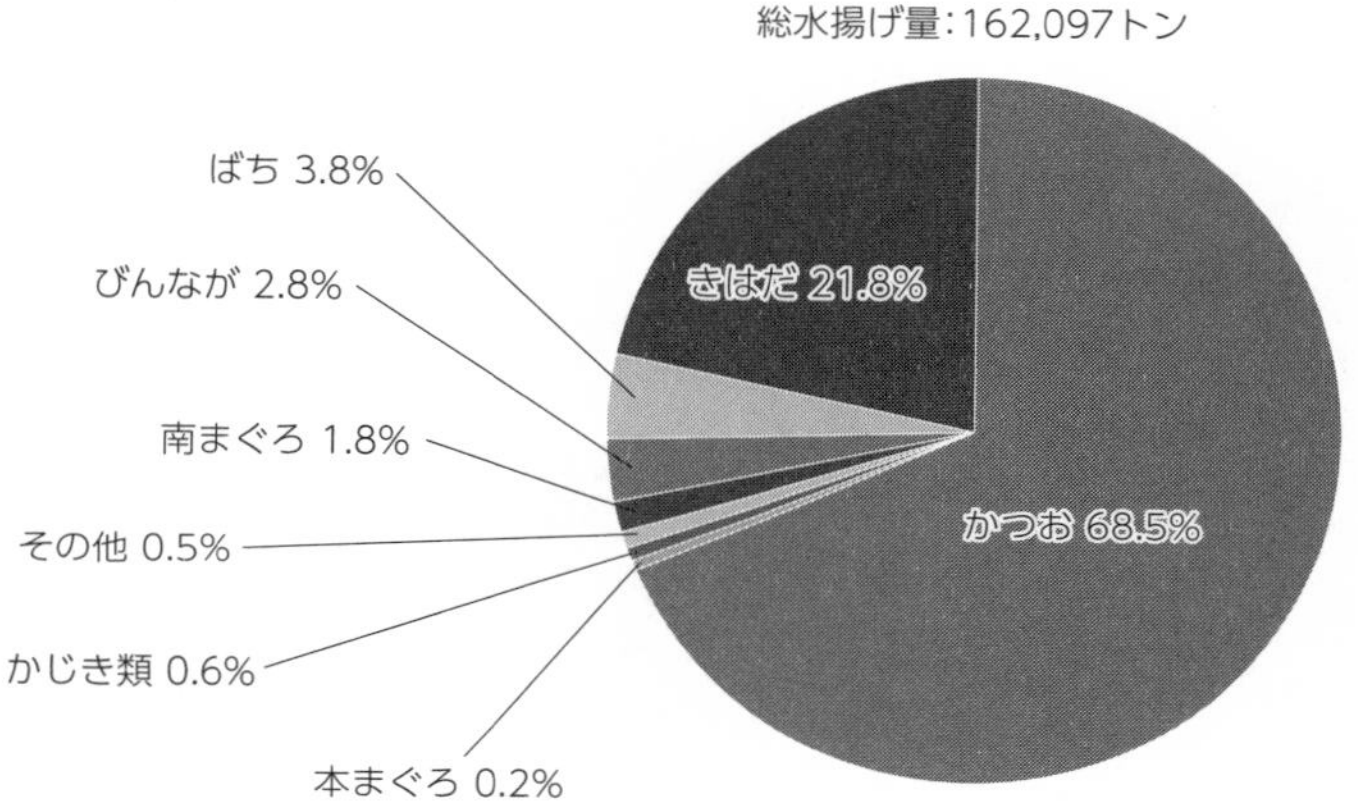

図16　焼津魚市場の魚種別水揚げ量内訳（2019年）

出典：焼津漁業協同組合「令和元年度水揚高統計」より作成

保が図られるようになった。近年はインドネシアやフィリピン、キリバス（太平洋戦争の激戦地タラワ島などを含む共和国）などの外国人船員が大幅に増加し、漁労長など幹部数人を除くとほぼすべて外国人船員という船も多くなった。

長い年月をかけて進められてきた焼津の漁港整備は、焼津漁港と小川漁港の間を埋め立てて新港が建設され、平成十七（二〇〇五）年には魚市場の機能が新港へ移り、かつて焼津の象徴として親しまれたかまぼこ屋根の旧魚市場は解体された。

近年、焼津漁港の水揚げ量は約一五万トン、水揚げ金額は約四〇〇億円で推移して

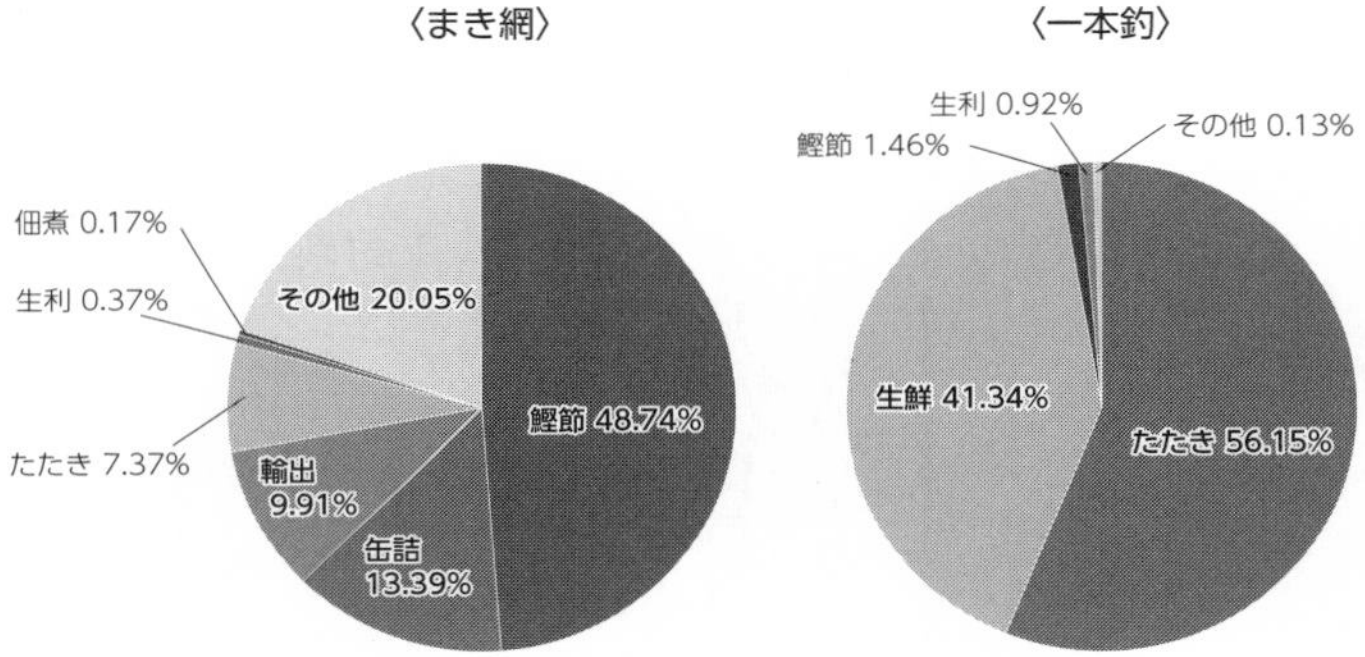

図17　焼津魚市場の冷凍カツオの流通形態（2019年）
出典：焼津漁業協同組合「令和元年度水揚高統計」より作成

おり、時事通信社の調べによれば全国的に見ても常に上位の水揚げを誇る。令和元（二〇一九）年の魚種別水揚げ量の内訳は、マグロ類が三〇・四パーセント、カツオが六八・五パーセントで、焼津漁港に水揚げされる主要漁獲物は、海外まき網によって供給される冷凍カツオとなっている。昭和三十年代、遠洋マグロ漁の発展によってカツオからマグロの港へと性格が変化していた焼津漁港は、海まきの発展によって再びカツオの港となった。なお清水港は冷凍マグロ水揚げ日本一として独自の地位を占めている。

カツオが大量に、かつ一年を通じて水揚げされるようになり、焼津の水産加工業は新たな展開を見せた。遠洋カツオ一本釣りのカツオは主にたたき向け、海外まき網のカツオは主に鰹節向けの原料となっている。また缶詰や練り製品などのほか、近年は削り節パックや濃厚だし、エキスなど、鰹節を原料とする調味料製品も多く製造され、それらの加工技術は健康食品や化粧品などにも応用されて、新たな商品が開発されている。

いっぽう焼津の船元は二度の大幅な減船と倒産・廃業の続出によって激減したが、漁業経営の在り方は多様化した。『漁業編』によると、四〜六隻ほどの船を所有してカツオマグロ漁業に専念する船元、漁業を主体としながらも冷凍・冷蔵事業や直営小売店などの多角経営を行う船元、資金繰りを重視して二隻の船を堅実に経営する船元などがあり、また流通・加工業経営から漁業に進出した企業もある。各船元が独自の経営理念・経営プランを築きつつ、焼津の水産業を支えている。

第8章　世界とつながるカツオ産業

昭和時代初期　漁獲物の整理

カツオ輸入量世界一はタイ国

焼津は漁業と水産加工業が互いに支え合って発展してきた。冷凍技術がなかった時代には、生のカツオを遠くまで運ぶことはできなかったから、生鮮利用以外は素早く加工するしかない。そこで、港周辺には多くの加工場が設けられた。加工場ができると、カツオの需要がますます高まり、市場価格も上がって水揚げも増加する。また、冷凍技術の発達に伴い、港に隣接して大規模な冷蔵施設が造られ、この設備がある港（焼津、枕崎、山川）に水揚げが集中するようになった。このように漁獲と加工・流通が一体となって、焼津は日本のカツオ産業の中心地となり、今でもカツオの水揚げ日本一を誇っている。さらに、B1カツオに見られるように漁獲直後に船上で急速冷凍されたカツオは、新鮮な状態を保ったまま世界規模での移送が可能になった。これがカツオをめぐって新たな国際関係を生み出している。

現在、日本が漁獲するカツオの六割以上は海外まき網船によるものである。海まき船が主な漁場とする西部太平洋には、日本以外にも多くの外国船がひしめいている。表3のように、平成二十八（二〇一六）年のカツオ生産量（漁獲量）上位国は、一位はインドネシア、二位は韓国、三位が日本である。ところが、興味深いことに、タイはカツオの漁獲がゼロなのに輸入量は世界一である。しかもタイのバンコク市場での評価が冷凍カツオの国際相場となっている。昭和五十五（一九八〇）年ごろに人件費の安いタイで缶詰製造が始まって以来、タイには日本をはじめとする諸外国の水産加工場が進出して缶詰などの加工品を多く作っている。そこに原料であるカツオやマグロが集められて、世界一の集散地となっているのである。

カツオ原魚加工・消費量でタイが日本を上回るようになったのは平成十四（二〇〇二）年ごろからである。焼津鰹節水産加工業協同組合によると、日本船は漁獲したカツオのほぼすべてを日本へ持ち帰るが、輸出先の相場が日本より良かったり、日本に冷凍原魚の在庫が多すぎ

表３　主要国のカツオ生産量（2016年）

（単位：トン）

国　名	漁獲量	輸入量	輸出量
インドネシア	416,711	9,667	27,156
韓国	231,426	529	147,125
日本	201,944	27,200	5,961
エクアドル	199,753	20,380	3,600
パプアニューギニア	198,389	147	33,172
タイ	0	528,829	3,332

出典：みなと新聞編集・発行「世界のカツオ生産概要2019年版」より作成

て処理しきれなかったりする場合には、合弁会社が日本の基地で輸送船に積み替えてタイなどへ輸出することもあるという。

カツオの多様な加工法

日本で水揚げされるまき網船のカツオの約半数は鰹節に加工されるが、世界的に見れば加工品の中心はツナ缶詰である。「ツナ」と言うと、日本ではマグロを示すと思われがちだが、国際的にはカツオを原料とするものもツナ缶に含まれ、手軽で健康的な、そして安全な食材として世界中で流通している。もちろん焼津でもツナ缶は主要な水産加工品の一つである。焼津のマグロ油漬け缶詰は、昭和初期から製造が始まっているが、ツナ缶の原料となるビンチョウマグロは、春から秋を漁期とするカツオと一緒に漁獲されていた。漁獲物は氷で冷却して持ち帰っていたので、長期保存はできない。つまり冬場には加工素材がないことになる。そこで水産試験場では、収穫期が秋以降となる県特産のミカンと組み合わせて、缶詰を通年製造しようと考えた。清水港からの主要輸出品として、静岡県産のツナ缶とミカン缶詰が大きな位置を占めた時代があったのである。

今、スーパーにはカツオやマグロの水煮、油漬け、フレーク等、さまざまな素材や味付けの缶詰が並ぶ。最近は、ツナ缶詰と共にサバ缶詰も人気があって生産量を伸ばしており、水煮、味噌煮、醤油味、焼き塩サバ、トマト煮など、バリエーションも豊富である。水産加工製品は、近年の世界的な魚食ブームと相まって多様化し、保存性だけでなく、利便性や安全性を高め、味や栄養を豊かにすることが重視されている。だが、こうした製品は、タイ国の例から分かるように焼津だけの専売特許ではない。世界に販路をもつ企業が本腰を入れて取り組んでいるのだから、それと真っ向勝負しては勝ち目は少ない。

だとすれば、焼津のカツオ加工産業は、やはり伝統的な鰹節生産に主体が置かれるべきであろう。表4のように、現在でも静岡県は鰹節等の一大生産地であるが、鰹節では鹿児島県、削り節では愛媛県がトップである。焼津の鰹節産業がさらに発展するためには、まずは鰹節の素晴らしさが改めて日本国内で評価され、日常的に消費されるようになるための努力が必要である。これまでも鰹節を加工した食品の開発が進められてきているし、だし類は多種多様になってきているが、もっと鰹節そのものが食卓に上る機会を増やしたい

表4　鰹節等のおもな生産地と生産量

（単位：Kg）

都道府県	かつお節	かつおなまり節	かつおけずり節
宮　城	x	56,560	68,300
千　葉	48,950	x	66,371
東　京	―	―	527,530
静　岡	6,993,700	582,630	2,661,896
愛　知	―	―	1,068,065
三　重	71,812	135,750	379,241
和歌山	36,500	38,100	58,627
愛　媛	15,909	―	5,291,484
高　知	82,977	127,790	83,082
長　崎	―	4,100	161,470
鹿児島	21,436,358	347,366	1,059,823
沖　縄	x	x	343,046
全　国	28,711,750	1,323,473	15,181,230

出典：2018年漁業センサスより作成

ものである。そのためのヒントは、例えば鰹節消費量日本一で、なおかつ長寿県でもある沖縄の食生活にあるかもしれない。沖縄ではチャンプルーなどの料理に鰹節をたっぷり加えるし、生利節も多く食べられている。

それに加え、国外における鰹節の販路を切り開いていくことが必要である。日本にしかできない付加価値の高い商品としての鰹節を生産し、世界に輸出することが焼津水産業に求められているのだ。ところが、世界進出と口では言えるものの実際にはなかなか容易ではない。

鰹節海外進出に対する壁

鰹だしの風味は欧米では「魚臭い」とされ、感覚的に食材として受け入れられにくかった。しかし、近年の和食の普及によって、鰹だしを「よい匂い」「美味しい」と感じる人が今後増えていくと予想され、さらに、そのうま味が和食以外の料理にも活用される可能性が高まってきた。

醤油や味噌に比べ、これまであまり海外市場に目を向けてこなかった鰹節業界だったが、海外進出に本格的に取り組む動きが芽生えたのである。確かにＥＵ（欧州連合）では近年、日本料理店が急増しており、鰹節の需要が見込まれるようになったのだが、ＥＵへの輸出拡大の前には大きな壁が立ちはだかっていた。

一つは、日本の鰹節の特徴である燻乾に起因するものである。すなわち、鰹節は製造工程で「焦げ」が付着しやすく、そこには発がん性があるとされる化学物質ベンゾピレンが含まれる。日本の基準では何の問題もないのだが、ＥＵはベンゾピレンに世界一厳しい規制を設けており、その基準値を下回らなくてはならない。

もう一つは、国際的な衛生管理基準HACCP《ハサップ》（Hazard Analysis and Critical Control Point）を満たす製法にしなければならないということである。HACCPは、鰹節の場合でいえば、漁獲物の保管、輸送、水揚げから、製品化するまでのすべての工程において、徹底した管理体制の構築を求めている。それをクリアするための投資は、中小企業である鰹節生産業者にとって耐えがたい負担である。実際、鰹節の輸出に興味があっても、設備や製法を一切変えずに輸出することは不可能なので、断念する業者が多い。そのため、一万軒を超すＥＵの日本料理店の多くでは、中国産や韓国産の削り節（dried bonito shavings）が使われてきた。この英語を翻訳すれば「削り乾燥カツオ」となるわけだが、これは日本の鰹節とは味がまったく違う。日本独特の鰹節の特徴と素晴らしさを広く認知させるための根本からの対応が始まっている。

目指せEU市場

輸出が難しいのであれば現地生産してしまおうと、ＥＵに鰹節工場を構えた業者がある。東京築地の鰹削り節専門店「和田久」の和田祐幸社長は、平成十九（二〇〇七）年にパリの和食店で鰹節を使っていない「衝撃的に不味いお椀」を食べたことから、ＥＵ進出を考えるようになった。まずは平成二十二（二〇一〇）年、ベンゾピレンを含む表皮をベトナムの製造工場で切り取ってロンドンへ輸送するという方法で削り節の製造・販売を始めた。そしてＥＵ圏で鰹節製造をするために、同二十五（二〇一三）年にロンドンでベンゾピレン軽減に関する情報収集を行い、翌年にはポーランドで試作品を作った。さらに翌二十七年には欧州最大の漁港を有するスペインに鰹節製造工場を建設して、現在まで生産を続けている。スペインの気候は、和田久が工場をもつ鹿児島県枕崎市と気温はほぼ同じで湿度は非常に低い。現地では食品の外気への露出が禁じられているためサンルーム内で鰹節を天日干しにしているのだが、乾燥は進みやすいという。平成二十八（二〇一六）年には本枯節の製造も始め、加湿器を用いてカビ付けをしている。現地で陣頭指揮を執る和田社長に聞いたところ、「製造よりも経営が難しい」とのことだが、小売りの鰹節製品の販売は順調に伸びているようである。

枕崎市の鰹節製造会社、大石商店（屋号ダイマル）の創始者は焼津出身である。このことは第四章ですでに紹介したが、三代目の大石克彦社長（二代目克己さんの長男）は、フランスで鰹節を製造する「枕崎フランス鰹節」の社長でもある。創設のきっかけは、大石社長が平成二十五（二〇一三）年にフランスでだしの使われていない味噌汁を食べてショックを受けたことだった。だしの効いていない和食が広まることに強い危機感を覚え、「枕崎フランス鰹節」を設立したのである。この会社は枕崎市の鰹節メーカー八社と枕崎水産加工業協同組合と福岡市の加工業者で共同出資している。ベンゾピレンを軽減する製法を開発して平成二十八（二〇一六）年八月にフランス西部の港町コンカルノーに鰹節工場を竣工させ、二十九（二〇一七）年四月から本格的に現地で販売を開始した。伝統的な製法にこだわって、フランスで水揚げされたインド洋のカツオを鰹節パックにし、現地レストランや量販店に出荷している。大石社長によれば、ベンゾピレンを基準値以下に抑えつつも最大限に鰹節の薫香を活かした製品は、現地で好評を得ているという。中国、韓国産の鰹節との価格競争はあるが、工場のある地元では少しずつ鰹節が使われ始め、*DASHI*という言葉も広まりつつある。

いっぽう平成二十九（二〇一七）年、ついに焼津からＥＵへの鰹節輸出が実現した。鰹節製造会社の新丸正《しんまるしょう》は平成二十二（二〇一〇）年から鰹節の輸出に本格的に取り組み始め、アメリカや香港などへの輸出を実現させてきた。そして、最も基準が厳しいＥＵへの輸出のために、五年ほどをかけてベンゾピレン低減化の技術開発を進め、工場の改修までも行った。同時に、ＥＵの衛生管理基準に適合させるために、関連する海まき船や港の協力も得て、平成二十九年二月八日、鰹節工場として初めてＥＵ向けのHACCP水産加工施設に認定されたのである。そして、同年六月に全国で初めてＥＵに鰹節を輸出した。

新丸正の久野徳也社長は「ＥＵで使われてきたdried bonitoは焼津の鰹節とは違う」と明言している。現在、ＥＵのフランス料理やイタリア料理のトップシェフに鰹節の利用を呼び掛けており、漁獲から加工まで地域一体となった、本場*MADE IN YAIZU*の*KATSUOBUSHI*の輸出拡大を目指している。

和食には、あの鰹節の香りと、控えめながらも料理を引き立てる独特の味わいが欠かせない。本物の鰹節が和食にとって欠かせない「だし」の源泉であることを世界にしっかり理解させることが必要である。外国産の類似品とのコスト競争に陥ることなく、あくまでも日本独自の鰹節という線を崩してはなるまい。そのためには、鰹節を生み出した日本の食文化そのものに対する理解を深め、「鰹節を使わない和食などあり得ない」という意識を植え込むことが大切である。日本の食から生まれた鰹節の普及には、まさに日本の伝統文化を背景にした販売戦略が求められる。そして、かつて鰹節職人たちが互いに技術交流と切磋琢磨を繰り返して業界全体を盛り上げたように、いま世界市場への挑戦という大きな目標に向かって、関係業者が一致団結して対外政策を打ち出すべき時が来ている。

終章　グローバル化の波の中で

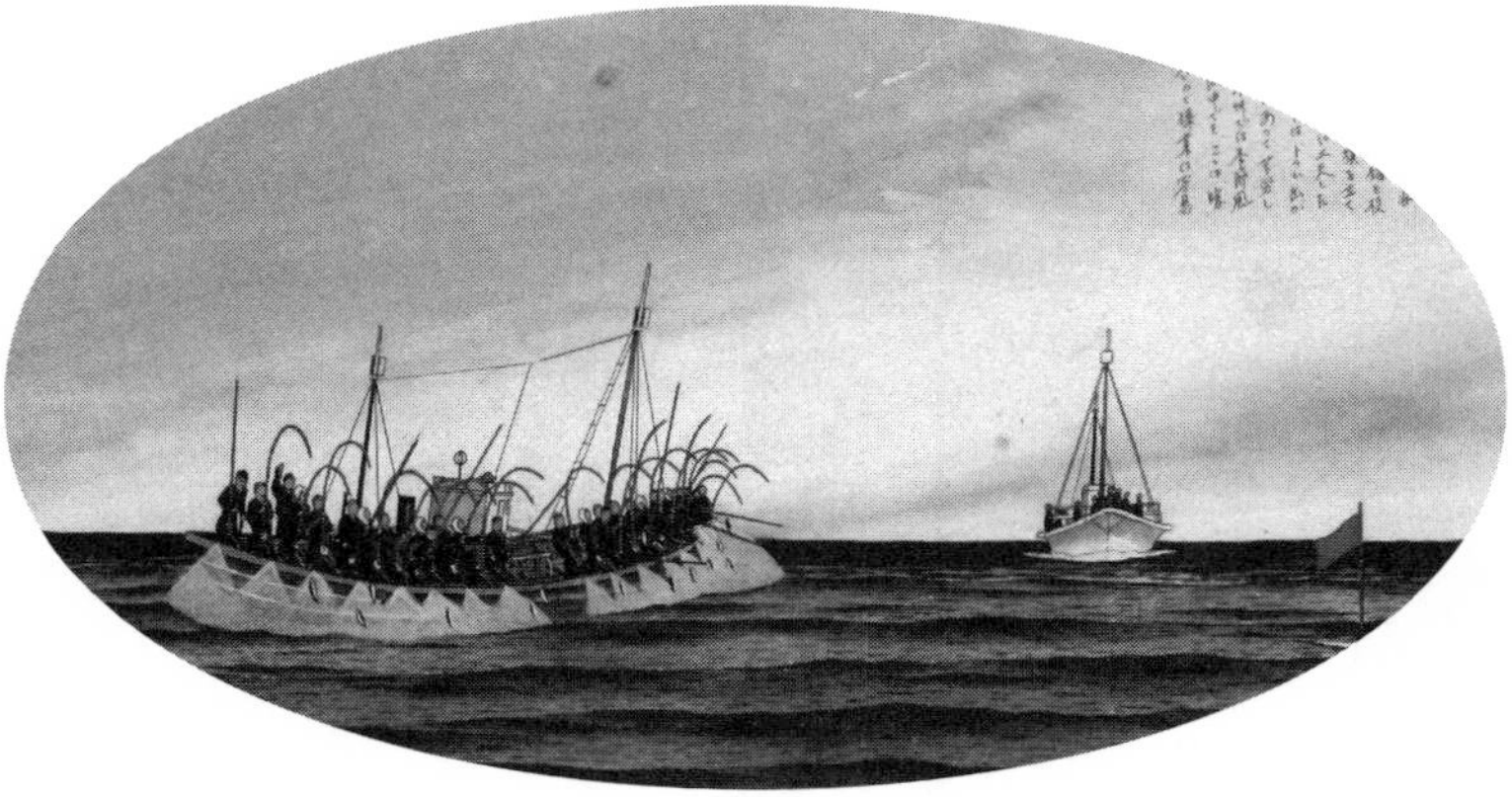

昭和時代中期　高鵬礁のカツオ竿釣り

グローバル化と地域産業

新型コロナウイルスが世界中に引き起こした恐怖は、いまだに収束の兆しが見えない。グローバル化をただ善きこととして突き進んできた世界の潮流に人々は懐疑心を抱き始めた。コロナ禍は生死に関わる感染というだけでなく、世界中の人や物の流れに深刻な打撃を与えつつあるからである。人の流れといえば観光客のことがすぐに思い浮かぶが、実は日本の第一次、第二次産業の生産現場への影響も甚大である。例えば、今や欠かせない労働力となっている外国人労働者が、海外との交流が停止されたため、日本に来ることができなくなった。焼津でも、カツオ船に多くの乗組員を送り出しているキリバスとの往来が止まって漁船員の確保が難しくなり、漁業経営者にとって大きな痛手となっている。海外への販路拡大という願望とは裏腹に、原料入手や人手確保など、さまざまな面での海外依存が進んでおり、それには大きなリスクが伴っていることを再認識すべきだろう。焼津の水産業、とくに鰹節の生産・販売についても、流動する世界情勢をしっかり認識したうえで、広い視野から、これからの戦略を練っていくことが求められている。

改めて焼津におけるカツオ産業の歴史をたどってみよう。江戸時代、沿岸での零細な一本釣り漁業は、血縁集団を核とする小規模な組織としてスタートし、明治以降は漁場の拡大とともに、漁船の大型化、乗組員の確保、捕獲・運搬技術の発展、金融機関の創設と活用など、さまざまな要因が一体となって、焼津にカツオを核とする近代産業を発展させてきた。カツオを原料とする鰹節生産も、このカツオ漁獲量の増大とともに発展し、焼津は日本における鰹節生産の中心になった。

しかし、水産業は二〇〇カイリ問題、石油高騰、世界的な魚需要の高まりに反比例するような漁獲高の減少、さらには後継者問題など、数多くの難問を抱えている。近海カツオ一本釣りは焼津漁業発展の基礎を築いたが、現在では焼津漁港所属の近海一本釣り漁船はなくなってしまった。ところが近代的冷蔵施設を備えた焼津漁港には、海外まき網船が大量の冷凍カツオを水揚げしている。その漁場ははるか西太平洋であり、外国船との熾烈《しれつ》な漁獲競争にさらされており、しかも地場の産業として発展してきたツナ缶詰製造の世界的中心地は、今やタイ国になっている。

日本人にとって身近な魚だったカツオは、漁獲から加工に至るまで、諸外国との苛烈《かれつ》な競争にさらされる国際商品となってしまった。経済の国際化の大きな流れは、もはや押しとどめることは不可能であり、その荒波の中での生き残りを必死で考えなければならない時代なのである。

これはひとりカツオ産業だけにとどまらない。静岡県を代表する産業である茶業も、カツオ産業とほとんど同じような軌跡をたどり、抱える問題も大変よく似ている。海と山、まるで海幸彦・山幸彦の兄弟のようだ。唐突かもしれないが、両者の歩みを比較してみよう。異なる地域産業の発展過程を共通の歴史として捉え、総括してみることは、直面する課題に対する解決策を、業界の垣根を越え、一丸となって考えていく大きなきっかけになると思われるからである。

鰹節とお茶はよく似ている

静岡県（駿河と遠江）産のお茶は、かつて江戸の市中でも安倍茶とか駿河茶と呼ばれて高い評価を受けていた。当時は素朴な蒸し製あるいは簡易な釜炒り茶が一般的で、多くは煎じ出して飲むところから「煎じ茶」と呼ばれていた。しかし江戸時代も中頃となると、現在私たちが飲んでいるような急須で淹《い》れる「煎茶」の製法が宇治で発明され、高い評価を得るようになった。すると静岡の茶農家は、宇治から職人を招いてその技術を学び、ちょうど外国との貿易が始まったのを契機として、生産量を一気に高めるとともに良質の茶作りの技術開発に励んだ。そして明治中頃には、学んだことを踏まえてさらに進んだ製茶技術を確立し、煎茶の世界における「本場」の地位を築き上げたのである。

すると、全国の茶産地から技術指導の要請が来るようになり、静岡の職人（茶師）は、各地に出向いて誠実にその技術を教えた。その結果、製品は静岡市場で高く評価されるようになり、いやでも静岡が茶の商いの中心になっていく。

この流れは、ここまで見てきたような鰹節作りの歴史と全く同じパターンだということに気が付くだろう。こうして生まれた好循環によって、鰹節の焼津、お茶の静岡が全国市場としての地位を確立したのである。

さらに静岡は、東海道線の開通に加えて清水港が貿易港として開かれたという、流通上でも優位な地位を占めることができた。いわば、「自分たちで磨きあげた技術」「それを全国標準としてしまう戦略」「流通上の優位性」を存分に活用して、ともに全国一を達成したことになる。

しかし、その地位に安住している時代は終わった。鰹節自体の生産量は、今や鹿児島県が断然トップであり、お茶の生産量も、鹿児島県が静岡県に肉薄していて、お茶王国しずおかの地位を脅かしている。いっぽうで、両者とも大人気の和食と深い関わりを持つ日本の伝統食品であり、しかも世界的な健康志向という消費拡大に向けての大きなチャンスを得ている。加えて経済のグローバル化という大波をも前にしている。食品基準への適合といった対応はもちろん大切だが、時流に任せるだけでは足りないだろう。生産・流通体制、さらにはＰＲ戦略の上でも、思い切った変革が迫られているのだ。

対応を間違えれば、日本の食文化や長寿社会を支えてきた、地域の伝統産業が壊滅する危機に陥ってしまうかもしれない。まさに、日本全体が同じような課題を抱え、将来への展望を探っている。鰹節を中心として発展してきた近代焼津水産業の歴史と現状は、そのまま多くの日本の地場産業についても当てはまる。もちろん、お茶の世界も同様である。世界的な緑茶需要が年々高まっている中で、中国茶が圧倒的な生産量を誇っている。またアジアの新興産地の生産量が目覚ましく伸びていることも、日本にとっては大きな脅威だ。これには、茶園の環境や安価な労働力といった、日本がとても太刀打ちできない要素があるうえに、残留農薬の問題など、国際基準との整合性についても、鰹節とよく似た問題点を抱えてきたのである。

キーワードはサスティナブル

水産業に話を戻そう。ここまでは主として漁獲と加工という面からカツオ産業を見てきたが、もっと広い視野からどうしても意識しておかなければならない問題がある。水産加工品の原料である魚類全般に関わることである。太平洋のクロマグロに対する厳しい漁獲規制、あるいは原因は複合的だとは思われるが、ここ数年来のサンマ漁獲量の激減などを目の当たりにすると、水産資源量の減少は、現在のところ規制下にないカツオにとっても他人事で済ますわけにはいかないだろう。

今、世界的な課題である水産資源の維持・回復や海洋環境の保全を目指す運動が起こっている。この運動に賛同した漁業団体は、ロンドンに本部を置くＭＳＣ（海洋管理協議会）や、日本のＭＥＬ（メル）から認証を受けて、いわゆるエコラベルを貼ることができる（ＭＥＬはもともと大日本水産会内の事業だったが二〇一六年からマリン・エコラベル・ジャパン協議会となった）。

図18　MELの認証ラベル

こうした動きは国際連合が合意した持続可能な開発目標、ＳＤＧｓ（エス・ディー・ジーズ＝Sustainable Development Goals）に沿ったもので、すべてに共通するキーワードはサスティナブル、すなわち「持続可能」である。つまり、私たちの地球環境を守り未来につなげるという、まさに人類の行く末を懸けた運動の一環としての行動を強く求めている。

もっとも、このようにさまざまなアルファベット表記の略号が身近にあふれてくると、私たちには何がどうなのか、よく分からないというのが正直なところだ。認証されたことを示すラベルの有無が、本当に購買者の選択基準になるのか、認証にふさわしい内容が厳密に履行されているのか、消費者自らがそれを検証する手段はほとんどないように見える。にもかかわらず、こうした仕組みの構築とそれへの参加はまさに世界の大きな潮流であり、日本としても、この枠外で生きることはできない。カツオの水揚げと加工の現場が世界的に広がっている現状を見れば、よく分からないでは済まされないだろう。関係者挙げて世界の動向に着目し、自らの立ち位置を見定める努力が求められている。

あとがき

この本は、カツオと鰹節に焦点を当ててきましたが、広く水産加工業ということでいえば、魚のまち焼津では、黒はんぺん、なると、かまぼこ等の練り製品の生産も盛んです。意外なことに、アフリカのエチオピアでもカロリーの過剰摂取が問題となり、それを防ぐ食品としてスリミとかナルト（これはアニメの影響もあるかもしれませんが）という言葉がかなり一般化してきたそうです。

魚、より広い意味でいえば水産加工品の世界的需要が、ますます拡大していくことは間違いありません。焼津のカツオ産業は、ヨーロッパ市場向けの商品の開発、さらには未開拓のアフリカなどへの市場拡大の努力が求められています。この分野で成果を挙げることができれば、それは他の地場産業にとっても具体的な事例として、参考となるに違いありません。厳しい状況をむしろステップとするような積極性こそが、海に生きてきた焼津の心意気ではないでしょうか。

もう一つ、最後に茶産業との類似を指摘しましたが、それは地域の産業がそれぞれ個別の道を勝手にたどっているわけではなく、その道が実は案外よく似ているということに注目してほしいからです。異なった産業であっても、それぞれ共通する地盤の上に、大変よく似た歩みをしてきたのだということです。

これを突き詰めていけば、地域産業の発展要因と問題点がより多面的に認識でき、解決すべき課題も共有できるのではないでしょうか。振り返れば、水産業も農業もそれぞれがしっかりとした組合組織のもとに運命共同体として歩んできました。しかし、今や、そうした枠組みを見直し、業態別ではなく、地域の総合産業として相互に刺激し合い、発展していかなければならない時代になりました。広い視野と、慣習にとらわれない自由な発想の下に、地域打って一丸となり、グローバル化の荒波に立ち向かう、いやもっと積極的にその波に乗るにはどうしたらよいかまで考えていかなければならないでしょう。

本書の大まかな執筆分担は、中村が第一章、第三章、第四章、川口が第二章、第七章、第八章を担当し、その他についてはコラムも含めて共同で執筆しました。図版については、外立ますみ氏（トーリ工房代表）の指導をいただいています。

最後になりましたが、執筆に当たり、本文中にご紹介した方々をはじめとして、多くの皆様に聞き取り調査や資料・情報提供の協力をいただきました。ここにご芳名を記して、改めて感謝申し上げます。

焼津市歴史民俗資料館、焼津漁業協同組合、焼津鰹節水産加工業協同組合、静岡県水産技術研究所、南駿河湾漁業協同組合、マリン・エコラベル・ジャパン協議会、青峰山正福寺、住吉神社（正式名称片岡神社）、那閉神社、㈱岩清、㈱新丸正、㈱いちまる、㈱ヤマ十、㈱枕崎フランス鰹節、㈱和田久、佐藤大、近藤梅夫、山﨑博康、今村光一、北原いく子、若林良和、河野一世、松尾忠七（故人）、藪田洋平、粟本忠司、浜田澄秀、吉井敦子、久保山幸治、藤崎宰一郎（順不同、敬称略）

また、出版に当たって助言・協力をいただいた静岡新聞社出版部の庄田達哉氏・佐野有利氏、静岡産業大学経営学部の浅羽浩特任教授（前図書館長）に厚く御礼申し上げます。

主要参考文献

『焼津水産会沿革史』　社団法人焼津水産会　一九一九年
『焼津漁業史』　焼津漁業協同組合　一九六四年
『焼津漁港史』　静岡県焼津漁港管理事務所　一九八一年
『かつお一筋に生きる』　㈱柳屋本店　一九八六年
『焼津鰹節史』　焼津鰹節水産加工業協同組合　一九九二年
『続・焼津鰹節史』　焼津鰹節水産加工業協同組合　二〇〇九年
『焼津市史　漁業編』　焼津市　二〇〇五年
『焼津市史　民俗編』　焼津市　二〇〇七年
『焼津市史　図説・年表』　焼津市　二〇〇八年
『浜当目の民俗』　焼津市　二〇〇三年
『浜通りの民俗』　焼津市　二〇〇四年

静岡県漁業組合取締所『静岡県水産誌』一八九四年（静岡県図書館協会復刻一九八四年）
成城大学民俗学研究所『日本の食文化』岩崎美術社　一九九〇年
戸塚凛『皇道産業焼津践団史』郷魂祠奉賛会　一九七六年
宮下章『鰹節』法政大学出版局　二〇〇〇年
若林良和『カツオの産業と文化』成山堂書店　二〇〇四年
望月雅彦『村松正之助と皇道産業焼津践団』ヤシの実ブックス　二〇〇七年
河野一世『だしの秘密―みえてきた日本人の嗜好の原点―』建帛社　二〇〇九年
熊倉功夫・伏木亨監修『だしとは何か』アイ・ケイコーポレーション　二〇一四年
堤新三『鬼哭啾啾―ビルマ派遣海軍深見部隊全滅の記』毎日新聞社　一九八一年
大竹健吉『鰹節の製造』東京博文館　一九一一年
藤林泰・宮内泰介編著『カツオとかつお節の同時代史　ヒトは南へ、モノは北へ』コモンズ　二〇〇四年
片岡千賀之『南洋の日本人漁業』同文館　一九九一年
宮本勉編著『海野信成日記』井川村史刊行会　一九七八年

著者

川口円子（かわぐち　みつこ）

1973年生まれ。焼津市出身。静岡産業大学総合研究所客員研究員。焼津市文化財保護審議会委員。静岡大学卒。専門は社会関係論。日本民俗学会会員・静岡県民俗学会理事。著書に『駿河湾桜えび物語』（共著)、『しずおかトンネル物語』（共著）等、論文に「本船方・夏船方にみる焼津カツオ漁船の労働力編成」(『中日本民俗論』) 等。

中村羊一郎（なかむら　よういちろう）

1943年生まれ。静岡市出身。東京教育大学卒、博士（歴史民俗資料学)。専門は民俗学・日本史学。静岡産業大学教授などを経て、現在静岡産業大学総合研究所客員研究員。著書に『番茶と庶民喫茶史』、『イルカと日本人』、『いま、いちばん知りたい国ミャンマー』、『家康公、しずおかしっかりせよと仰せられき』等。

＜静岡産業大学オオバケブックスシリーズ＞

運動が体と心の働きを高める スポーツ保育ガイドブック ～文部科学省幼児期運動指針に沿って 静岡産業大学 編	「幼児期運動指針」に添って、3～5歳ぐらいの幼児期に必要な運動を、遊びを通して学べるガイドブック。 B5判／96P　本体価格1800円　978-4-7838-2244-8
爆買いを呼ぶおもてなし 中国人誘客への必須15の常識・非常識 柯麗華 著	マーケティングを専門とする中国出身の著者が、爆買いにつなげるおもてなしの秘策を提案。 四六判／176P　本体価格1200円　978-4-7838-2248-6
大化けの極意 人生を変える大化けスイッチ 大坪檀 著	自身や子供・部下の夢の実現、組織・地域の発展は発想の転換や工夫次第。大化けへの術が満載の本。 四六判／200P　本体価格1300円　978-4-7838-2253-0
見・聞・録による石橋正二郎伝 ～ロマンと心意気～ 大坪檀 著	タイヤシェア世界一のブリヂストン。地下足袋製造から事業発展の道を切り開いた石橋正二郎の生涯を追った。 四六判／236P　本体価格1500円　978-4-7838-2261-5
儲《もう》かる農業ビジネス 新農業経営研究会 （堀川知廣・大坪檀）編	新規就農、農業での起業、農業法、スマート農業等について、農業ビジネスの研究者や従事者とともに考える。 四六判／288P　本体価格1800円　978-4-7838-2263-9

焼津かつおぶし物語―地域産業の伝統と革新―

2020年11月16日　初版発行

著者／川口円子　中村羊一郎
装丁／塚田雄太
編者／静岡産業大学
発行／静岡新聞社
〒422-8033　静岡市駿河区登呂3-1-1
印刷・製本／三松堂
ISBN978-4-7838-2265-3 C0036